工程力学实验教程

（第二版）

杨少红　胡年明　主编

科学出版社

北京

内 容 简 介

本书根据作者团队多年来的教学经验编写而成。内容包括基本实验、综合设计实验、力学新技术实验。其中：基本实验主要对学习者进行基本知识、基本概念、基本方法和基本技能的系统训练；综合设计实验主要培养学习者的综合、分析、创新能力，有助于学习者开动脑筋，充分应用所学的知识，提高动手能力和创新能力；力学新技术实验主要用于开拓学习者视野、了解新实验技术原理，为开展研究做知识储备。部分章末精选的习题既可帮助学习者自学、预习相关理论知识，又可用于实验课的能力考核。

本书既可以作为工科类各专业工程力学、材料力学等基础课程的配套实验教材，也可作为电测应力分析等研究生课程的理论教材，还可供工程技术人员在测定相关力学量时参考。

图书在版编目（CIP）数据

工程力学实验教程 / 杨少红, 胡年明主编. -- 2版. -- 北京：科学出版社, 2024.8. -- ISBN 978-7-03-079220-4

I. TB12-33

中国国家版本馆 CIP 数据核字第 20248KA765 号

责任编辑：王　晶 / 责任校对：高　嵘
责任印制：彭　超 / 封面设计：苏　波

科 学 出 版 社 出版
北京东黄城根北街 16 号
邮政编码：100717
http://www.sciencep.com

武汉中科兴业印务有限公司印刷
科学出版社发行　各地新华书店经销

*

开本：787×1092　1/16
2024 年 8 月第 二 版　　印张：10 1/2
2024 年 8 月第一次印刷　　字数：246 000

定价：48.00 元
（如有印装质量问题，我社负责调换）

前　言

工程力学实验是"工程力学"课程的重要组成部分，涵盖了理论力学实验和材料力学实验的有关内容，并形成一个新的教学体系，与理论教学相辅相成。通过实验教学，不仅帮助学习者加深对所学理论知识的理解，熟悉基本力学量的测量方法，更重要的是帮助学习者提高动手能力，培养工程意识和创新精神，学会使用实验手段观察力学现象，探索力学规律，训练实验基本技能，为解决工程实际问题奠定良好的基础。

本书全面贯彻党的教育方针，落实立德树人根本任务，培养德智体美劳全面发展的社会主义建设者和接班人，依据国家和军队对工程力学实验教学的基本要求，以"工程力学"实验课程的层次化、模块化教学体系为基础，为学习者提供一个观察力学现象、熟悉仪器使用、了解材料性能、巩固力学规律的平台为目标，按照经典与现代相结合的原则选择实验教学内容，突出力学性能测试的原理和规律，强化电测技术的应用，引入最新力学测试方法，最终构成内容丰富、使用方便的工程力学实验教材。

本书分为5章。第1章为理论力学实验，包含静力学、运动学、动力学中的实验内容。第2章为力学性能测试实验，包括典型材料的拉伸、压缩和扭转等力学性能测试实验方法及原理。第3章为电测应力分析实验。第4章为综合设计实验。第5章为力学新技术实验。部分章后附有自测练习题，全书共约100道。

本书融汇了作者多年的实验教学经验，文字简练。提出的实验目的清楚、明确；实验原理介绍概念清晰，结论正确；实验步骤安排条理性、可操作性好。在本书编写过程中，力图体现以下特色。

（1）实验内容丰富，包括基本实验、综合设计实验、力学新技术实验。基本实验对学习者进行基本知识、基本概念、基本方法和基本技能的系统训练。综合设计实验主要培养学习者的综合、分析、创新能力，有助于学习者开动脑筋，充分应用所学的知识，提高动手能力和创新能力。力学新技术实验主要用于开拓学习者视野、了解新实验技术原理，为开展研究做知识储备。章末精选的习题既可帮助学习者自学、预习相关理论知识，又可用于实验课的能力考核。

（2）实验教学内容与科学研究项目和工程问题密切联系，形成良性互动。书中部分实验项目是从科研内容、工程实际中简化来的实验问题，有较强的研

究和工程应用背景。有利于加强学习者的工程概念和工程意识，培养学习者用实验手段解决工程实际问题的能力，是培养学习者创新精神的重要途径，对增强学习者的实验研究能力非常重要。

（3）适用范围广。本书共安排 35 个实验，其中 10 个理论力学实验，8 个材料力学性能实验，7 个电测静应力分析实验，6 个综合性、设计性实验，4 个力学新技术实验，供不同专业和不同学时要求选用。实验全部采用新标准、新符号，供学习者掌握最新标准的测试方法。本书既可以作为工科类各专业工程力学、材料力学等基础课程的配套实验教材，也可以作为电测应力分析等研究生课程的理论教材，还可以供工程技术人员在测定相关力学量时参考。

本书由杨少红、胡年明担任主编。其中：绪论、第 2 章由杨少红编写；第 1.5 节、第 4.4～第 4.6 节、第 5 章由胡年明编写；第 3 章由吴林杰编写；第 1.1～第 1.4 节由吴蒙蒙编写；第 1.6～第 1.8 节由吴菁编写；第 1.9 节由孙亮编写；第 4.1～第 4.3 节由朱子旭编写；习题及解答部分由黄方编写。全书由胡年明负责统稿、章向明教授主审。

在本书的编写过程中，章向明教授提出许多宝贵意见和建议。本书编写过程中也参考了同类著作（具体见书末参考文献），在此表示衷心感谢。

由于作者水平有限，存在不妥或不当之处在所难免，恳请读者批评指正。

作　者
2024 年 4 月

目 录

绪论 ·· 1

第1章 理论力学实验 ·· 5
1.1 动、静滑动摩擦因数的测试 ··· 5
1.2 物体转动惯量的测定 ·· 8
1.3 悬吊法和称量法测重心 ··· 12
1.4 微型电机效率的测定 ·· 14
1.5 简谐振动幅值与频率测量 ··· 17
1.6 李萨如图形法测量简谐振动的频率 ································ 25
1.7 李萨如图形法测量单自由度系统的固有频率 ················ 28
1.8 有/无附加阻尼对单自由度系统自由衰减的测量 ·········· 30
1.9 锤击法简支梁模态测试 ··· 34
1.10 线性扫频法简支梁模态测试 ·· 41
习题 1 ·· 44

第2章 力学性能测试实验 ·· 46
2.1 金属材料拉伸破坏实验 ··· 47
2.2 金属材料压缩破坏实验 ··· 53
2.3 金属材料规定塑性延伸强度的测定 ································ 57
2.4 引伸计法测金属材料的弹性模量 ···································· 59
2.5 金属材料扭转破坏实验 ··· 62
2.6 剪切模量的测定 ·· 66
2.7 冲击实验 ··· 69
2.8 疲劳实验 ··· 72
习题 2 ·· 76

第3章 电测应力分析实验 ·· 80
3.1 电测法基础和应变片粘贴实作 ······································· 80

笔记栏

3.2 应变片灵敏系数标定 ·· 88
3.3 纯弯曲梁的正应力测定 ·· 91
3.4 材料弹性模量和泊松比的测定 ·································· 95
3.5 电测压杆稳定实验 ··· 99
3.6 薄壁圆筒在弯扭组合变形下主应力测定 ······················· 101
3.7 薄壁圆筒在弯扭组合变形下内力素的测定 ···················· 105
习题 3 ··· 108

第 4 章 综合设计实验 ··· 115
4.1 复合材料拉伸性能测试实验 ···································· 115
4.2 开口薄壁梁弯曲中心及内力测定实验 ·························· 118
4.3 压杆稳定实验 ·· 121
4.4 静载条件下四跨梯形桁架内力及应力测定实验 ··············· 126
4.5 静载条件下焊接钢桁架内力测定实验 ·························· 129
4.6 动载条件下桥梁结构模型应力测定实验 ······················· 132
习题 4 ··· 134

第 5 章 力学新技术实验 ··· 136
5.1 盲孔法测量残余应力 ·· 136
5.2 超声损伤探测实验 ··· 140
5.3 光弹性演示实验 ··· 145
5.4 动态光学变形、应变测试实验 ·································· 148

参考文献 ·· 153
习题答案 ·· 154

绪 论

一、课程概况

工程力学是一门理论性和实践性较强的专业基础课程,是一门系统地引导学生利用力学理论解决工程实际问题的理论课程,培养学生将工程实际问题提炼成力学问题(即力学建模),从而进行求解的能力。其中很多理论都是建立在大量的实验结果的基础上,很多的假设和推导出的公式,必须通过实验来验证;而且力学概念比较抽象,学生通过实验可以加深对概念的理解和对知识的感性认识。

工程力学包括理论力学和材料力学两部分内容。其中,理论力学是研究物体机械运动一般规律的科学。与理论力学有关的实验数据,只有依靠实验才能获取,如两物体间的静、动滑动摩擦因数 f_s、f_d,点的运动速度 v,加速度 a 等。同时,理论力学中的很多定理,用实验验证后,给学生印象深刻。这些定理还可以在广阔空间里开拓应用,如动量矩守恒定理、质心运动原理、共振现象等。一些研究性的数据需要用理论力学实验来完成,如简支梁的固有频率、减振器的特性、非均质摇臂的转动惯量等。材料力学是研究构件承载能力的科学,通常考虑材料的本构关系,如弹性阶段的胡克定律等,需通过实验测量的方法加以确定。材料的各种力学性能参数可反映材料的重要物理特性,也需要由实验进行测定。因而,学习工程力学,必须注重培养实验能力。

工程力学实验是工程力学课程的重要组成部分,是研究、解决工程实际问题的重要手段之一。由于其明显的学科特点,工程力学实验也是对学生进行全面的素质教育和能力培养的有利平台。以知识和技能的传授为载体,结合先进的教学理念、恰当的教学方法、创造优良的教学条件就能营造出适合学生自主学习、突出个性培养的环境和氛围,从而为高素质人才的培养奠定基础。

二、实验内容

工程力学实验主要包括以下三方面的内容。

(1) 验证工程力学的理论和定律。工程力学不是纯粹由严谨的逻辑推理建立起来的理论学科。在工程力学的研究中,引进了许多假设与简化。如材料的连续性、均匀性及各向同性的假设;构件的小变形条件;实际上材料弹

笔记栏

性范围的线性关系也不是严格的；尤其是工程力学中引入了平面假设等来简化变形几何关系。虽然这些假设简化了工程力学的理论，但是由这些假设出发推导出的工程力学理论的有效性、精确程度、应用范围如何呢？最简便易行的方法，就是通过实验进行验证。这样的验证，对于工程力学这种实践性较强的学科，从思维逻辑和理论的完整性来说，是不可缺少的。

（2）研究和检验工程材料的力学性能。在工程力学理论建立的过程中，要求研究材料的力学性能，并确定有关的材料参数（如 E、μ 等）。此外还需要确定材料的其他力学性能参数（如 R_{eL}、R_m 等）。精确地测量上述力学量，是对构件进行准确可靠的力学分析和计算，最后正确作出力学预测和判断的前提。在实验课程的学习中，通过检测材料力学性能的基本训练，掌握材料的力学性质，还可通过动手实践，掌握基本的测量方法，为以后的专业实验乃至工程实践打下坚实的基础。

（3）实验应力分析。即采用测量方法，确定许多无理论计算可用的复杂受力构件的应力分析状态和变形状态，以便检验构件的安全性或者为设计构件提供依据。

基于以上三方面的考虑，本课程所安排的实验是围绕工程力学理论课程的内容，结合常用的力学实验设备，解决工程实际问题而设计的。具体内容包括学习实验原理、实验方法和实验技术，常用设备的原理和使用方法以及实验数据的处理等。

三、实验方法

目前，对于很多重要的工程构件或结构，由于数学上的困难，仅靠理论分析，难于求得理论解析解。采用级数法、差分法、有限元法等数值方法，也要求对载荷和边界条件进行合理的简化，但是对有些实际问题是不容易做得精确的。而工程力学的实验研究，正是求解这些复杂问题的有效而且可靠的方法。对重要的实际问题，实验测试研究是不可缺少的，它可以与理论解、数值解相互佐证。大型结构的理论分析、数值计算是信息量很大的浩繁工程，为避免疏失、错误，通过实验方法来研究是非常必要的。原则上，任何与材料受力、变形伴随发生并且与受力、变形有确定的数量关系的可测量的物理量，都能够用来直接或间接地对有关的力学量进行测量。目前，在工程力学实验中，采用最多、最有效的方法是机测法、电测法和光测法。

机测法多数是直接测量。如采用刻度尺测量长度、直角尺测直角，用游标卡尺、螺旋测微仪、千分表、杠杆引伸仪等只经过简单机械转换的仪器度量位移，用标准砝码加载，用弹簧秤测力，以及由这些仪器、工具组合而成的专用加载测量装置。上述简单的仪表、设备只适用于精度要求不高、受力不是很大的简单测量。而直接使用各种专用的万能材料实验机、扭转实验机、

疲劳实验机等进行力学测试,尽管不同机型对各类力学量或非力学量之间所作的转换、传递的方式各异,但是通常都可以将其归为机测法的范畴。机测法常用于采用标准试件测定材料的力学性能参数;标定材料的物理关系;对小型构件或加载方式较简单的小尺寸结构模型,模拟实际受力进行实验测量。机测方法具有简单、实用、价格低、测试效率高的优点。

电测法是利用构件在受力变形时,使有关电路或电场中的电阻、电容、电感、场强等参数发生改变,由此产生电信号。使用专业仪器,对上述信号加以放大、处理和显示,来间接测量力学量的方法。最常见的是用电阻应变计和电阻应变仪来测量构件表面的应变,通过分析可以间接获得应力、位移等力学量。这种方法的优点是测量精度高,应用范围广泛,价格低,便于遥控及动态、高温测量,便于信息的采集、传输、处理等。

光测法是近些年发展较快的一种测量方法。现有光弹性测量、激光全息干涉法、散斑干涉法、贴片法、云纹法等。它的原理是利用光波在某些透明介质材料制成的受力模型中所产生的暂时双折射光波干涉条纹图或光波反射产生的干涉条纹图来分析、确定各测量点的应力。光测法的优点是能够测量整个应力场的应力分布。它不仅能测量构件表面的应力,还能采用冻结、切片技术测定试件内部测量点的应力。

四、实验规则及要求

1. 做好实验前的准备工作

(1) 按实验的预习要求,认真阅读实验指导,复习有关理论知识,明确实验目的,掌握实验原理,了解实验的步骤和方法。

(2) 对实验中所使用的仪器、实验装置等应了解其工作原理以及操作注意事项。

(3) 必须清楚地知道本次实验须记录的数据项目及其数据处理的方法。

2. 严格遵守实验室的规章制度

(1) 课程规定的时间准时进入实验室。保持实验室整洁、安静。
(2) 未经许可,不得随意动用实验室内的机器、仪器等所有设备。
(3) 做实验时,应严格按操作规程操作机器、仪器,如发生故障,应及时报告,不得擅自处理。
(4) 实验结束后,应将所用机器、仪器擦拭干净,并恢复到正常状态。

3. 认真做好实验

(1) 接受老师对预习情况的抽查、测试,仔细听老师对实验内容的讲解。

（2）实验时，要严肃认真、相互配合，仔细地按实验步骤、方法逐步进行。

（3）.实验过程中，要密切注意观察实验现象，记录好全部所需数据，并交指导老师审阅。

4. 实验报告的一般要求

实验报告是对所完成的实验结果整理成书面形式的综合资料。通过实验报告的书写，培养读者准确有效地用文字来表达实验结果。因此，要求读者在自己动手完成实验的基础上，用自己的语言扼要地叙述实验目的、原理、步骤和方法，所使用的设备仪器的名称与型号、数据计算、实验结果、问题讨论等内容，独立地写出实验报告，并做到字迹端正、绘图清晰、表格简明。

第 1 章　理论力学实验

理论力学是一门理论性较强的技术基础课，是现代工程基础理论之一，在日常生活和工程技术各领域都有着广泛的应用。在力学结构设计和计算过程中，一些参数数据需要通过实验来测量，如材料之间的滑动摩擦因数、物体的转动惯量和重心、电机的效率等。其次，理论力学的内容比较抽象，而机械振动是典型的动力学问题。通过开设振动相关的简单测试实验，如测量简谐振动的幅值和频率、单自由度系统的固有频率、简支梁的模态测试等，不仅了解通过力、位移、速度和加速度等测量工具，测试结构的振动特性，而且运用动力学原理进行分析，掌握机械振动的基本规律，减少振动引起的危害。这些实验与理论力学知识结合紧密，加深对理论知识的理解和掌握，提高分析和解决实际问题的能力。

1.1　动、静滑动摩擦因数的测试

扫码观看

一、实验目的

（1）掌握静摩擦因数（又称静滑动摩擦因数）和动摩擦因数（又称动滑动摩擦因数）测试的方法。

（2）测定铝、钢、有机玻璃等材料之间的最大静滑动摩擦因数和动滑动摩擦因数。

二、实验设备

（1）理论力学多功能实验装置——摩擦因数测试模块，如图 1.1 所示。

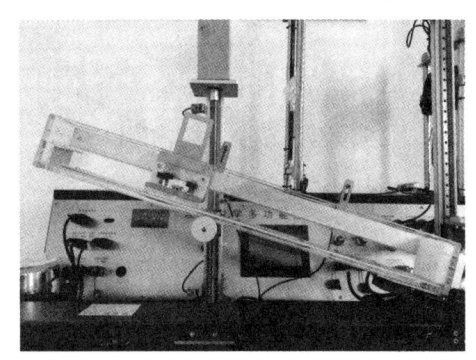

图 1.1　理论力学多功能实验装置——摩擦因数测试模块

（2）平底小车，配有钢制、铝制、有机玻璃底座。
（3）钢制、铝制、有机玻璃滑板。

三、实验原理

（1）实验仪器的示意图，如图1.2所示。该实验能测试颗料、柔软物体、薄硬物体等材料接触面之间的静滑动摩擦因数和动滑动摩擦因数。

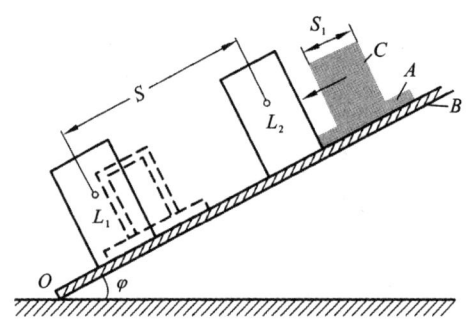

图1.2 动滑动摩擦因数测试仪示意图

图中 A 为平底小车，B 为成倾角为 φ 的被测试滑板，L_1，L_2 为感应式光电传感器，平底小车宽度 $S_1 = 6\,\mathrm{cm}$。t_1（或仪器上的 Δt_1）计量器上显示平底小车 A 经过光电传感器 L_1 时路程 S_1 的时间，t_2（或 Δt_2）显示平底小车 A 经过光电传感器 L_2 时路程 S_1 的时间

$$t_4 = t_3 + \frac{1}{2}(t_2 - t_1) \quad \text{或} \quad \Delta t_3 + \frac{1}{2}(\Delta t_2 - \Delta t_1)$$

t_3（或 Δt_3）为从 L_1 到 L_2 路程所需的时间。

（2）动滑动摩擦因数计算公式推导。如图1.3所示，根据平衡方程

$$\sum F_y = 0, \quad N = mg\cos\varphi \tag{1.1}$$

$$\sum F_x = ma, \quad ma = mg\sin\varphi - Nf_\mathrm{d} \tag{1.2}$$

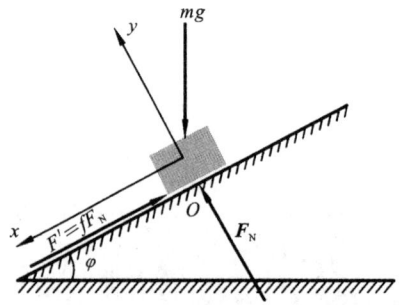

图1.3 动滑动摩擦因数测试装置示意图

将式（1.1）代入式（1.2），得

$$f_d = \tan\varphi - \frac{a}{g\cos\varphi} \tag{1.3}$$

平均加速度

$$a = \frac{v_2 - v_1}{t_4} = \frac{(t_1 - t_2)S_1}{t_1 t_2 t_4} \tag{1.4}$$

将式（1.4）代入式（1.3）得动滑动摩擦因数的计算公式为

$$f_d = \tan\varphi - \left|\frac{S_1(t_1 - t_2)}{g t_1 t_2 t_4 \cos\varphi}\right| \tag{1.5}$$

（3）已测试过的几种材料之间的静滑动、动滑动摩擦因数，如表1.1所示。

表1.1 几种材料之间的静滑动、动滑动摩擦因数

材料	静滑动摩擦因数 f_s	动滑动摩擦因数 f_d
氯化铵对金属板	0.76～0.85	0.46～0.60
膨胀石墨对钢板	0.19～0.20	0.16～0.17
经过喷砂的钢板对钢板	0.58～0.72	0.57～0.63
钢板对铜板（已喷砂及NaCl腐蚀）	0.56～0.61	0.41～0.43
聚四氟乙烯对聚四氟乙烯	0.111	0.109
C10水泥块对外包无纺布的防渗膜	1.13	0.87
棉布对羽纱	0.531	0.481
棉布对尼龙纱	0.538	0.490

四、实验步骤

（1）打开理论力学多功能实验装置的电源开关，进入摩擦因数测定实验界面。

（2）将平底小车底板和滑板更换成选择的材料，例如钢板对铝板。

（3）实验参数设置，将实验小车宽度 S_1 设置为 6 cm，底板更换为钢板。

（4）测试材料间静滑动摩擦因数。将滑动轨道更换为铝板并调整至水平，并将钢底小车置于轨道内，通过旋钮调整缓慢增大滑动轨道角度直至小车开始滑动，记录小车开始滑动时滑动轨道与水平面之间的角度 φ_0，此即为两材料间的摩擦角。

（5）测试材料间滑动摩擦因数。按复位按钮，将表格中的数据全部清零；按开始按钮，将实验钢底车放在置于铝板斜面上部（在上部光电开关之外），松手使其自由滑落；记录 t_1、t_2、t_3 及滑动轨道与水平面之间的角度 φ。

（6）重复第（5）步3次，根据3次的实验的数据计算滑动摩擦因数，求出平均值。并取平均值为钢板和铝板间的滑动摩擦因数值。

笔记栏

（7）对于其他材料间的动、静滑动摩擦因数的测量，将小车底板和滑板更换成所选择的材料，重复步骤（4）～（6）即可。

五、实验结果整理

（1）按式（1.5）计算各次实验的滑动摩擦因数，将数据和计算结果填入表 1.2 中。

表 1.2　滑动摩擦因数实验记录数据

静滑动摩擦因数测定					
实验材料		φ_0		f_s	
动滑动摩擦因数测定							
次数	t_1	t_2	t_3	t_4	φ	$\tan\varphi$	$\cos\varphi$	f_d
1								
2								
3								

（2）比较不同材料下的动、静滑动摩擦因数。

六、思考题

（1）动、静滑动摩擦因数与表面粗糙度的关系如何？
（2）如果表面生锈，则动、静滑动摩擦因数如何改变？

扫码观看

1.2　物体转动惯量的测定

一、实验目的

（1）验证圆盘转动惯量的理论公式。
（2）应用三线摆扭转振动的周期测量转动惯量。
（3）用等效理论方法测定非均质复杂物体的转动惯量。

二、实验设备

（1）理论力学多功能实验装置——转动惯量测试模块，如图 1.4 所示。
（2）待测试圆盘、非均质物体、等效圆柱体。

三、实验原理

三线摆测物体转动惯量实验装置如图 1.5 所示。图中 R 是圆盘半径，r 是

笔记栏

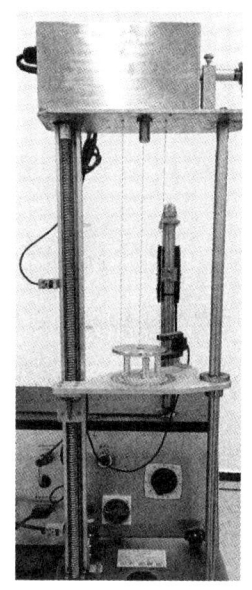

图 1.4 理论力学多功能实验装置——转动惯量测试模块

三线位置的半径，l 为摆线长度。当下盘扭转振动，其转角 θ 很小时，其扭动是一个简谐振动，其运动方程为

$$\theta = \theta_0 \sin\frac{2\pi}{T_0}t$$

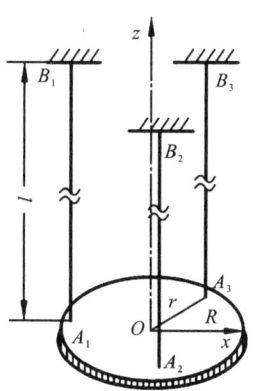

图 1.5 三线摆测物体转动惯量实验装置

当摆离开平衡位置最远时，其重心升高 h，根据机械能守恒定律有

$$\frac{1}{2}J_0\omega_0^2 = Mgh$$

即

$$J_0 = \frac{2Mgh}{\omega_0^2}$$

而

$$\omega = \frac{d\theta}{dt} = \frac{2\pi\theta_0}{T}\cos\frac{2\pi}{T}t$$

$$\omega_0 = \frac{2\pi\theta_0}{T_0}$$

得

$$J_0 = \frac{MghT^2}{2\pi^2\theta_0^2}$$

其中：$h = \dfrac{r^2\theta_0^2}{2l}$。则应用三线摆的扭转振动实测周期导出的转动惯量计算公式

$$J_0 = \left(\frac{T}{2\pi}\right)^2 \frac{Mgr^2}{l} \tag{1.6}$$

根据力学相关知识，均质圆盘转动惯量的理论计算公式为

$$J_0 = \frac{1}{2}MR^2 \tag{1.7}$$

由式（1.6）可知，转动惯量与摆线长 l 有关，从而可以测试摆长对转动惯量测试值的误差的影响。

四、实验步骤

（1）均质圆盘转动惯量测试。

①测量均质圆盘质量 M 及半径 R；进入均质物体转动惯量实验界面，按"复位"按钮，将数据置零；通过控制旋钮调整圆盘位置，使三根摆线同步下降约 60 cm，并通过传感器记录摆线长度 l；转动起摆器给三线摆扭转一个初始角（小于 6°，保证扭转振动是线振动）；按开始按钮，释放圆盘后，三线摆发生扭转振动，系统自动记录周期 T。

②重复步骤①3 次，将 3 次实验的周期平均数作为对应摆长的周期，求出均质圆盘的转动惯量 J_0。

③改变三线摆的线长，重复步骤①~②进行第 2 次测试，得到不同摆长情况均质圆盘的转动惯量；比较不同的线长转动惯量的测试值与理论的误差。

④实验完成后，完成实验报告。

（2）非均质复杂物体转动惯量测量。

①进入非均质物体转动惯量实验界面（非均质复杂物体模块），按"复位"按钮，将数据置零；在实验界面中，输入非均质物体质量 M 的值；通过控制旋钮调整圆盘位置，使三根摆线同步下降约 60 cm，并通过传感器记录摆线长度 l；转动起摆器给三线摆扭转一个初始角（小于 6°）；按"开始"按钮，释放圆盘后，三线摆发生扭转振动，系统自动记录周期 T，如图 1.6（a）所示。

②重复步骤①3 次，将 3 次实验的周期平均数作为该摆长下非均质复杂物体的周期。

③进入非均质物体转动惯量实验界面（等质量体模块），按"复位"按钮，

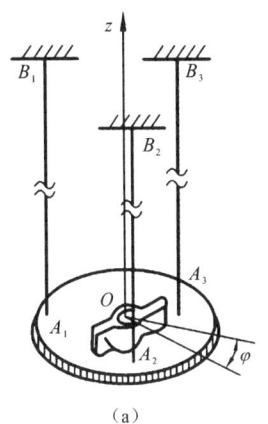 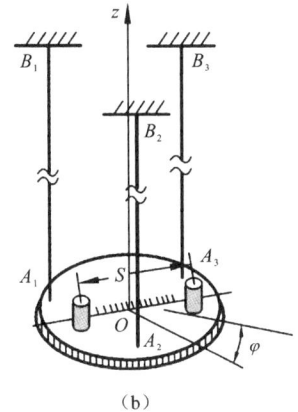

图 1.6 两个等效的三线摆

将数据置零；输入等质量体质量 m 及直径 d；使三根摆线同步下降与非均质复杂物体测量时一致，并通过传感器记录摆线长度 l；装上两个等质量体圆柱，应用移轴定理，调整两个圆柱的距离 S，并输入到实验系统中；转动起摆器给三线摆扭转一个初始角（小于 6°）；按开始按钮，释放圆盘后，三线摆发生扭转振动，系统自动记录周期 T。

④调整两个圆柱的距离 S，重复步骤③ 6 次，获得不同距离 S 情况下的等效物体的振动周期 T 和转动惯量 J；再根据非均质复杂物体的摆动周期，用插入法求得非均质复杂物体的转动惯量，如图 1.6（b）所示。

⑤实验完成后，完成实验报告。

五、实验结果整理

（1）将均质圆盘原始数据填入表 1.3 中。

表 1.3 试样尺寸

圆盘直径/mm	厚度/mm	吊线半径/mm	圆盘质量/kg

（2）将均质圆盘实验数据填入表 1.4 中。

表 1.4 实验记录数据

线长/mm	周期 1	周期 2	周期 3	转动惯量/kg·m²	误差/%

（3）比较不同线长转动惯量测试值与理论值的误差。

六、思考题

（1）试推导三线摆测量圆盘转动惯量的公式。
（2）分析转动惯量的测量值与哪些因素有关？

1.3 悬吊法和称量法测重心

一、实验目的

（1）通过实验测试加深合力概念的理解。
（2）应用悬吊法和称量法测不规则物体的重心。

二、实验设备

（1）理论力学多功能实验装置——重心测量测试模块，如图1.7所示。

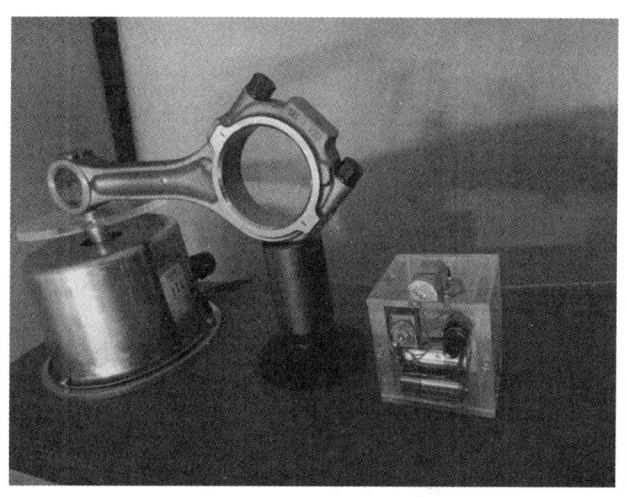
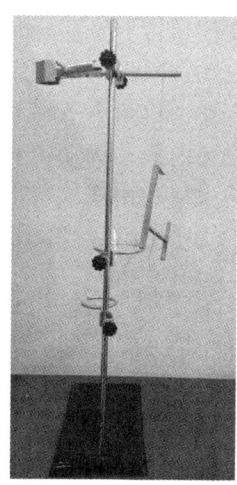

图1.7 理论力学多功能实验装置——重心测量测试模块

（2）连杆、等厚薄构件。
（3）电子称重器、直尺、纯色纸板、绳子。
（4）相机、图像处理软件。

三、实验原理

（1）悬吊法测重心。由于重心在物体内的位置与物体的姿态无关，如果需要求等厚薄构件的重心，可先将薄构件悬挂于任意一点 A，如图1.8（a）所示。根据二力平衡公理，重心必然在过悬吊点的铅直线上。然后将薄构件悬挂于另外一点 B，依前法同样可以画出另外一条直线。两直线的交点 C 就是重心，如图1.8（b）所示。

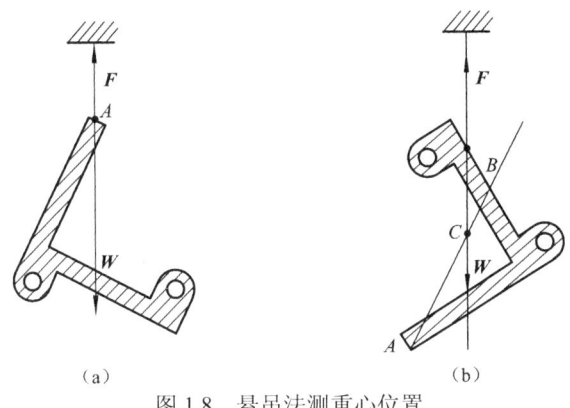

图 1.8 悬吊法测重心位置

（2）称量法测重心。将连杆水平搁置，用电子秤称出连杆重量，$W = F_{N1} + F_{N2}$，而根据力系的平衡原理可以求出连杆的重心 $x_c = \dfrac{F_{N1} l}{W}$，称重时应注意先把连杆一端放到电子秤的中心位置，另一端放到支撑架上，用水平尺调好中心水平，如图 1.9 所示。读出数值并记录下来，完成后把连杆调头重复前面流程。实验完后把数值代入重心公式，则可计算出重心。

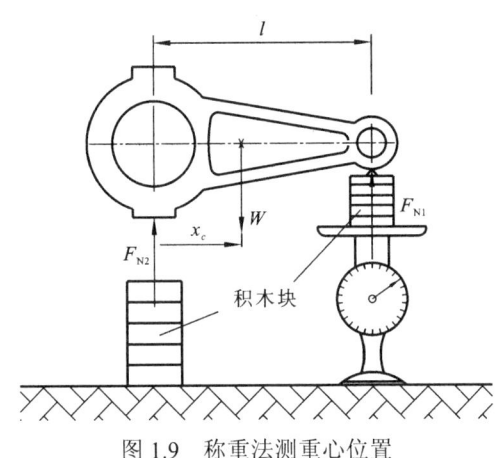

图 1.9 称重法测重心位置

四、实验步骤

（1）悬吊法测重心。将等厚薄构件吊挂在横杆上并使其自然下垂；后面用纯色纸片作为背景，用相机将其悬挂形貌照下来；再选择等厚薄构件另一处吊挂在横杆上，用相机将其悬挂形貌照下来。

（2）将照片复制电脑上，通过 AutoCAD 等图形处理软件绘制出两次悬挂细绳的延长线；两次悬吊垂线的相交点就是等厚薄构件的重心。

（3）称量法测重心。进入理论力学多功能实验装置-称量法测重心模块，将数据清零，取出垫块放置于测试台面上，将连杆取出水平置于载荷秤和垫块上。

（4）测量两支撑点间的距离 l 并输入"称量法测重心"模块的长度处，读取载荷秤上的重量值；将连杆掉头，重新调整垫块高度，再次测量连杆另一端的重量值。

（5）实验完成后，完成实验报告。

五、实验结果整理

将称量法测重心的实验数据填入表 1.5 中。

表 1.5 实验记录数据

支撑点距离 l /mm	重量 F_{N1} /g	重量 F_{N2} /g	总重量 W /g	重心位置 x /mm

六、思考题

如果连杆在测量重量时水平会有什么影响？

1.4 微型电机效率的测定

一、实验目的

（1）理解和掌握功率、力矩和转速三者之间的关系。
（2）学会简单测试微型电机的效率。

二、实验设备

（1）测力计和测力架，电机功率测量装置如图 1.10 所示。

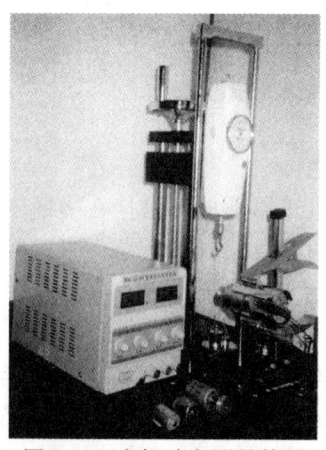

图 1.10 电机功率测量装置

（2）变功率直流电源。
（3）小直流电机。
（4）转速测试仪。

三、实验原理

1. 理论公式与推导

在理论力学的动能定理中，得到功率方程的导数形式，即质点系动能对时间的一阶导数等于作用于质点系所有力的功率的代数和。可表示为

$$P = \frac{dw}{dt} \quad \text{或} \quad P = Fv \tag{1.8}$$

式（1.8）为作用在移动物体上力的功率，而作用在转动刚体上力的功率 $P = M\omega$。

功率的单位为 W（瓦[特]），$1\,W = 1\,J \cdot s^{-1}$。

机械效率

$$\eta = \text{有效功率/输入功率} \tag{1.9}$$

直流电机的输入功率等于电流 I 乘以电压 V，即

$$P_\lambda = I \cdot V \tag{1.10}$$

动力源（交、直流电机、发动机等）输出功率的测试与计算公式：
动力源的输出功率

$$P_{出}(kW) = M(N \cdot m) \cdot n(rad \cdot min^{-1})/9\,550 \tag{1.11}$$

2. 仪器布置的示意图与简介

（1）电源。交流电 220 V 输入，输出为直流电源，有电压与电流 2 个仪表指示，并有粗调和细调两档，将此直流电输入到直流电机上（2 个极），电机可以运转。

（2）直流小电机。将直流小电机夹在隔磁的小老虎钳台上，不要太紧也不宜太松，以不动为准。直流电源正向接线，电机顺时针转；反向接线，电机逆时针转。测试力矩时，电机的转向要与图 1.11 所示一致。

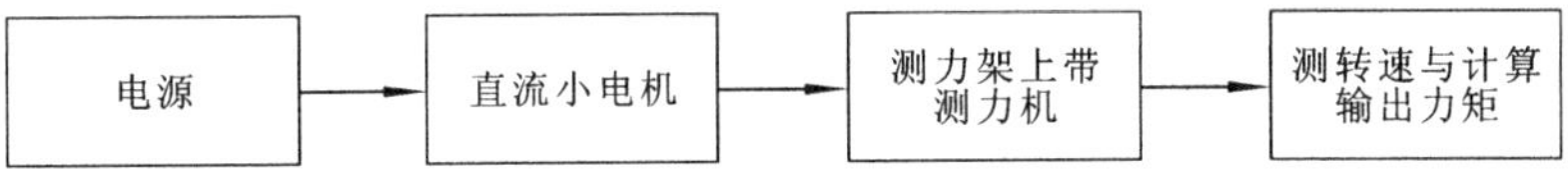

```
┌──────┐    ┌──────────┐    ┌──────────┐    ┌──────────┐
│ 电源 │───▶│直流小电机│───▶│测力架上带│───▶│测转速与计算│
│      │    │          │    │ 测力机   │    │ 输出力矩 │
└──────┘    └──────────┘    └──────────┘    └──────────┘
```

图 1.11 仪器布置示意图

（3）测试力矩装置如图 1.12 所示。输出力矩：

$$M(N \cdot m) = F_1(N) \cdot r(m) = (F_T - F_W)r(N \cdot m) \tag{1.12}$$

测试架上有 0～10 N 的测力计，它有调零按钮，又有对准零刻度的转盘。

（4）测转速仪。有红外线转速仪，发光头对准滑轮，事先在滑轮上贴一条反光线，当此线闪光次数与转速表内闪光次数一致时，读数为转/分（rad/min），仪器还有记忆按钮。

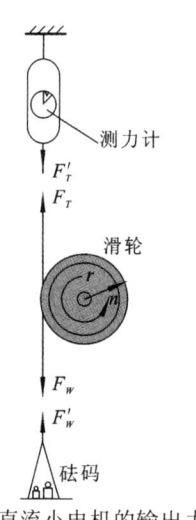

图 1.12 直流小电机的输出力矩测试

四、实验步骤

（1）将直流小电机夹在隔磁的小老虎钳台上，不要太紧也不宜太松，以不动为准。

（2）接好直流电源。正向接线，电机顺时针转；反向接线，电机逆时针转。测试力矩时，电机的转向与图 1.12 所示一致。

（3）调整测力计回零，选择合适的砝码挂在细绳下，让细绳绕过电机滑轮，悬挂在测力计下；调整好电机位置，让砝码与测力计呈一垂线。

（4）先在滑轮上贴一条反光纸、摆好红外线转速仪、发光头对准滑轮。当此线闪光次数与转速表闪光次数一致时，读数为转/分（rad/min）。

（5）打开电源开关，调整好电压，记录转速、测力计各个数据；退回到零，将电压增加到第二值，再记录数据，连续测试五六次。

五、实验结果整理

（1）按式（1.10）和式（1.11）求各次实验的电机输入功率 $P_入$、输出功率 $P_出$。

（2）按式（1.10）计算各次实验的电机效率，将数据和计算结果填入表 1.6 中。

表 1.6 实验记录数据

次数	输入		输入功率/W	输出		输出功率/W	效率
	I /A	V /V	$P_入$	n /(rad/min)	M /(N·m)	$P_出 = M \cdot n / 9\,950$	$\eta = P_入 / P_出$
1							
2							
3							
4							

（3）以电机输出功率 $P_入$ 为横坐标，以电机效率 η 为纵坐标，画出电机的输出功率-效率曲线。

1.5 简谐振动幅值与频率测量

一、实验目的

(1) 了解振动信号位移、速度、加速度之间的关系。

(2) 了解简单振动测试系统的组成,掌握激振器、加速度传感器、电荷放大器等常用仪器设备工作原理及使用方法。

(3) 学会用各种传感器测量简谐振动的位移、速度、加速度幅值及简谐振动的频率。

二、实验设备与仪器

(1) 振动教学实验台(安装简支梁),如图 1.13 所示。

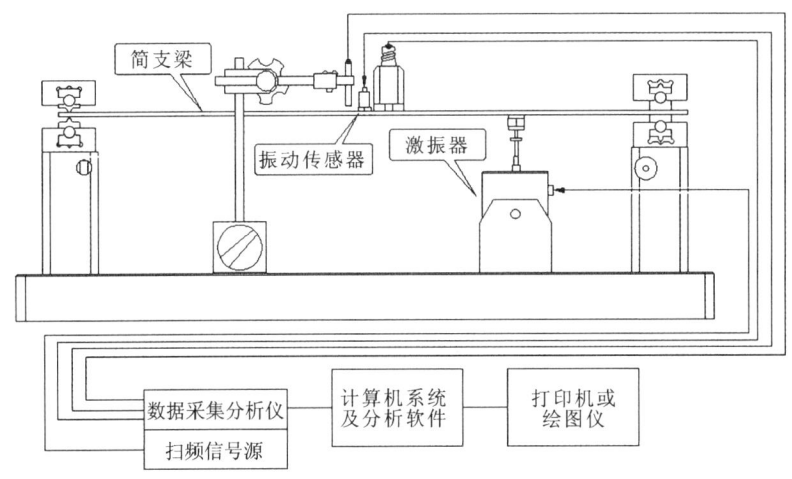

图 1.13 实验装置框图

(2) 激振器。

(3) 数据采集分析仪。

(4) 振动传感器。

(5) 振动教学分析软件。

三、实验原理

(1) 振动基本概念。

一个系统只在起始时受到外界干扰,使之得到一个初始位移或速度,然后就靠系统本身的弹性恢复力维持的振动称为自由振动,这种振动没有外界能量的补充。线性振动(或微幅振动)是指系统受到外界干扰后,系统的各个质点偏离静平衡位置,仅做微小的往复运动。系统在线性振动过程中所受的各种力只被认为与位移、速度等呈线性关系,而忽略高阶微小量。线性振动是工程上

笔记栏

最常见的物理运动。

自由度是指在振动过程中任何瞬时都能完全确定系统在空间的几何位置所需要的独立坐标数目。单自由度弹簧质量系统是由一根"无质量"的弹簧和一个"无弹性"的质量所组成的。系统在做自由振动时，不论受到什么样的初始干扰，均以一定的频率振动。这种只决定于系统本身固有的物理性质的频率称为固有频率。

保守系统（或自治系统）在自由振动过程中，由于总机械能守恒，动能和势能相互转换而维持等幅振动，称作无阻尼自由振动。但实际系统不可避免存在阻尼因素，由于机械能的耗散，使自由振动不能维持等幅而趋于衰减，称作阻尼自由振动。比如跳水运动员的跳板在运动员起跳后，跳板的振动幅值越来越小，最后趋于平静。

强迫振动是指系统在经常性（或周期性）激励作用下的振动。叠加原理是指系统对多个激励的总响应，等于系统对各个激励单独作用下的响应之和。如系统对激励 f_1 与 f_2 的响应分别为 x_1 与 x_2，则系统对激励 $c_1f_1+c_2f_2$ 的总响应就等于 $c_1x_1+c_2x_2$，其中 c_1 与 c_2 是常数。

若要求系统对周期性激励的响应，可以将周期性激励分解为若干个谐和激励，并求出系统对各个激励的响应，然后基于叠加原理，把响应叠加起来，就可以求出系统对周期性激励的总响应。

任何振动问题都可以用图 1.14 表述。其中，输入的变化规律可以是确定，也可以是随机的；系统可以是线性的，也可以是非线性的；输出是系统在输入作用下的响应，它的变化规律包括：简谐运动——响应为时间的正弦或余弦函数；周期性运动——响应为时间的周期函数，可展开为一系列简谐振动的叠加；瞬态振动——响应通常只在一定的时间内存在和随输入（激励）系统输出（响应）的随机振动，响应不是时间的确定性函数，因而不能预测，而只能用概率统计的方法来研究。

图 1.14　振动问题研究框图

（2）无阻尼系统自由振动。

单自由度无阻尼线性系统可以用弹簧质量系统来表示，如图 1.15 所示。这类振动问题的数学、力学模型的建立可采用牛顿运动定律或能量法。在运用牛顿运动定律推导振动微分方程时，为避免出现重力项、简化公式推导，一般取系统的静平衡位置作为坐标原点。静平衡位置是指系统在各种静力作用下所保持的平衡位置。如图 1.15(b)所示，在静平衡位置，由静力平衡条件得 $\sum F=0$，即

$$mg-k\delta=0,\quad mg=k\delta$$

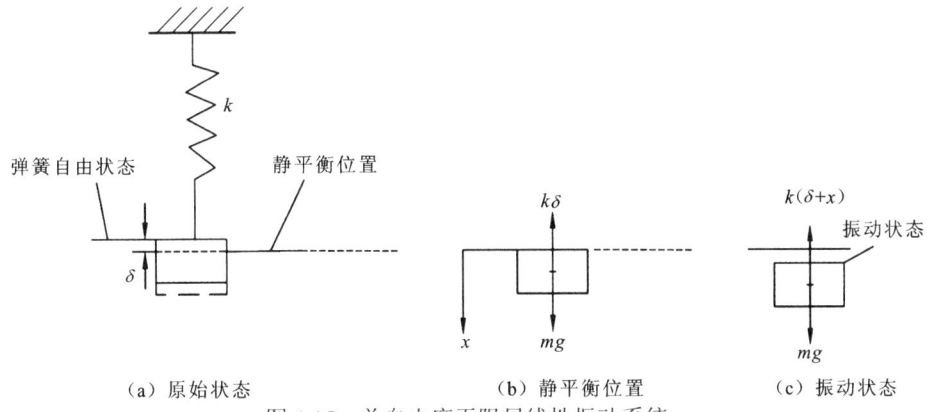

(a) 原始状态　　　　(b) 静平衡位置　　　　(c) 振动状态

图 1.15　单自由度无阻尼线性振动系统

当图 1.15 所示的系统受到外界某种初始干扰（如初始位移或初始速度，但不是持续的外载荷作用），使系统的静平衡状态遭到破坏，则弹簧力将不再与重力平衡，而产生不平衡的弹性恢复力，系统就依靠这种弹性恢复力维持自由振动。

由牛顿运动定律，该系统的振动微分方程为

$$m\ddot{x} = \sum F$$

即

$$m\ddot{x} = mg - k(\delta + x) = -kx \tag{1.13}$$

式中：$-kx$ 为弹性恢复力。

引进符号 $p^2 = \dfrac{k}{m}$，式（1.13）可改写成

$$\ddot{x} + p^2 x = 0 \tag{1.14}$$

式（1.14）是振动位移 x 的二阶常系数线性齐次微分方程。由常微分方程理论可知，其通解——系统振动位移可表示为

$$x = B\sin pt + D\cos pt \tag{1.15}$$

振动速度

$$\dot{x} = Bp\cos pt - Dp\sin pt \tag{1.16}$$

对初始条件：$t = 0, x = x_0, \dot{x} = \dot{x}_0$，代入式（1.15）和式（1.16），得积分常数

$$D = x_0, \quad B = \dfrac{\dot{x}_0}{p}$$

因而式（1.14）的解为

$$x = \dfrac{\dot{x}_0}{p}\sin pt + x_0 \cos pt$$

令

$$\dfrac{\dot{x}_0}{p} = A\cos\varphi, \quad x_0 = A\sin\varphi \tag{1.17}$$

则

$$A = \sqrt{x_0^2 + \left(\frac{\dot{x}_0}{p}\right)^2}, \quad \varphi = \arctan\left(\frac{x_0}{\dot{x}_0 \cdot p^{-1}}\right), \quad p = \sqrt{\frac{k}{m}} \quad (1.18)$$

式中：A 为振动位移幅值（简称振幅），是质量 m 偏离平衡位置的最远距离；p 为固有（圆或角）频率，单位是 rad/s，反映系统的一种固有的振动特性；φ 为初相角，单位是 rad。

振动周期（单位：s）反映振动重复一次所需的时间

$$T = \frac{2\pi}{p} = 2\pi\sqrt{\frac{m}{k}} \quad (1.19)$$

振动频率（单位：Hz）反映单位时间（1 s）内振动的重复次数

$$f = \frac{p}{2\pi} = \frac{1}{2\pi}\sqrt{\frac{k}{m}} \quad (1.20)$$

图 1.16 反映的是式（1.17）的运动规律曲线。

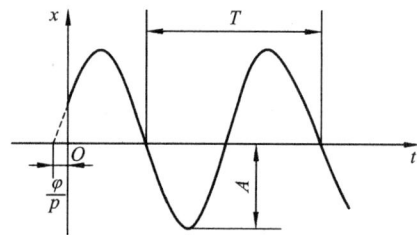

图 1.16　简谐振动响应时域曲线

由式（1.17）可求出振动速度和加速度：

$$\dot{x} = Ap\cos(pt+\varphi) = Ap\sin\left(pt+\varphi+\frac{\pi}{2}\right)$$

$$\ddot{x} = -Ap^2\sin(pt+\varphi) = Ap^2\sin(pt+\varphi+\pi)$$

由以上分析可以看出，同一质点的振动速度与振动位移相比，幅值相差 p 倍，相位滞后 $\frac{\pi}{2}$；振动加速度与振动位移相比，幅值相差 p^2 倍，相位滞后 π。振动位移、速度和加速度时间响应曲线如图 1.17 所示。

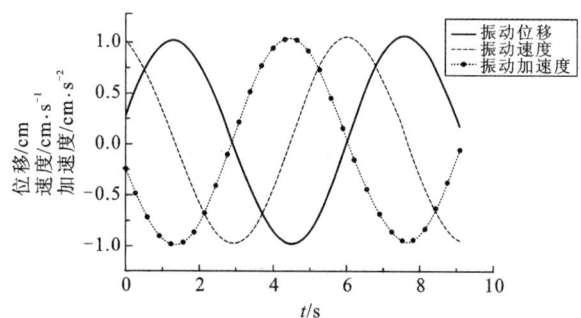

图 1.17　振动位移、速度和加速度曲线

(3) 无阻尼的振动系统对简弦激励的响应。

图 1.18 反映的是一单自由度系统受到简弦激励力 $F_0\cos\omega t$ 作用。取静平衡位置为坐标原点，坐标轴方向如图 1.18 所示。根据牛顿运动定律，列出系统振动微分方程

$$m\ddot{x} + kx = F_0\cos\omega t \tag{1.21}$$

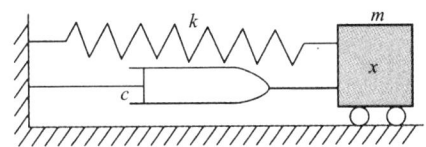

图 1.18 水平布置单自由度线性振动系统

引入记号 $p^2 \equiv \dfrac{k}{m}, X_0 \equiv \dfrac{F_0}{k}$，则式（1.21）可简化为

$$\ddot{x} + p^2 x = X_0 p^2 \cos\omega t \tag{1.22}$$

非齐次方程（1.22）的通解为

$$x = x_1 + x_2$$

式中：x_1 为相应齐次方程的通解；x_2 为式（1.22）的一个特解。它们可用下面的数学公式分别表示为

$$x_1 = B\sin pt + D\cos pt = A\sin(pt + \varphi) \tag{1.23}$$

$$x_2 = X\cos\omega t \tag{1.24}$$

将特解式（1.24）代入式（1.22），得到

$$X = \dfrac{X_0 p^2}{p^2 - \omega^2} = \dfrac{X_0}{1 - \gamma^2} \tag{1.25}$$

式中：$\gamma = \dfrac{\omega}{p}$ 为激励力频率与固有频率之比。

式（1.22）的解可进一步表示为

$$x = B\sin pt + D\cos pt + \dfrac{X_0}{1 - \gamma^2}\cos\omega t \tag{1.26}$$

振动速度

$$\dot{x} = Bp\cos pt - Dp\sin pt - \dfrac{X_0 \omega}{1 - \gamma^2}\sin\omega t \tag{1.27}$$

假定系统的初始条件为

$$t = 0, \quad x = x_0, \quad \dot{x} = \dot{x}_0 \tag{1.28}$$

由上述初始条件及式（1.26）、式（1.27）得到式（1.26）中的常数 B 和 D 为

$$B = \dfrac{\dot{x}_0}{p}, \quad D = x_0 - \dfrac{X_0}{1 - \gamma^2}$$

所以，式（1.22）对应于初始条件（1.28）的解为

$$x = \frac{\dot{x}_0}{p}\sin pt + x_0 \cos pt - \frac{X_0}{1-\gamma^2}\cos pt + \frac{X_0}{1-\gamma^2}\cos \omega t \qquad (1.29)$$

式中：前三项对应的是系统的自由振动；最后一项对应的是强迫振动。因此，激励力不仅激起系统的强迫振动，同时也激起自由振动。即使对于零初始条件

$$t = 0, \quad x = 0, \quad \dot{x} = 0$$

式（1.29）变为

$$x = \frac{X_0}{1-\gamma^2}(\cos \omega t - \cos pt) \qquad (1.30)$$

可见式中依然存在自由振动。

当激励力频率 ω 无限接近固有频率 p 时，$\omega - p = 2\varepsilon \to 0$ 利用三角函数的和差化积公式，式（1.30）的解可表示为

$$x = 2\frac{X_0}{\gamma^2 - 1}\sin \varepsilon t \sin \frac{\omega + p}{2}t \approx \left(\frac{\omega X_0}{2\varepsilon}\sin \varepsilon t\right)\sin \omega t \qquad (1.31)$$

由式（1.31）可知，当 ω 接近 p、但不相等时，系统强迫振动振幅是时间的正弦函数，即

$$\frac{\omega X_0}{2\varepsilon}\sin |\varepsilon| t$$

此时，强迫振动响应在时间域内具有拍振形状，如图 1.19 所示，拍振周期为

$$\frac{\pi}{\varepsilon} = \frac{2\pi}{\omega - p}$$

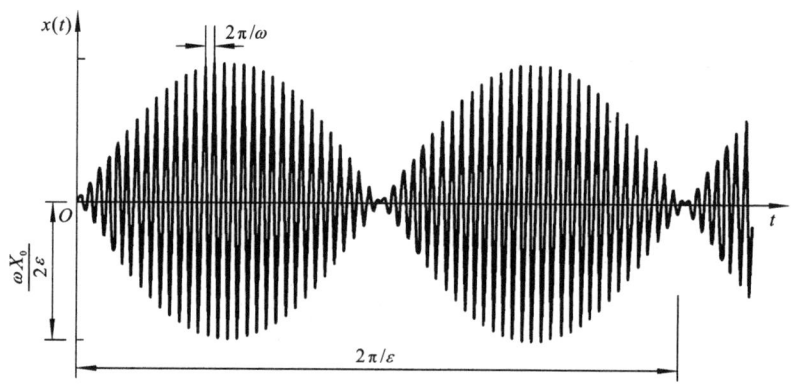

图 1.19 拍振现象

当系统上作用了两个激励力，且两个激励频率极为接近但远离固有频率 p 时，也有拍振现象出现。此时，只需考虑强迫振动，其分析过程与上面相同。

当 ω 与 p 相等即 $\varepsilon \to 0$ 时，式（1.31）可化为

$$x = \lim_{\varepsilon \to 0}\frac{X_0 \omega t}{2}\frac{\sin \varepsilon t}{\varepsilon t}\sin \omega t = \frac{1}{2}X_0 \omega t \sin \omega t$$

上式对应的曲线如图 1.20 所示。可见随着时间的延长，振动是发散的，最后趋于无穷大，这就是共振建立过程。共振是工程上人们最为关心的振动问题之一。

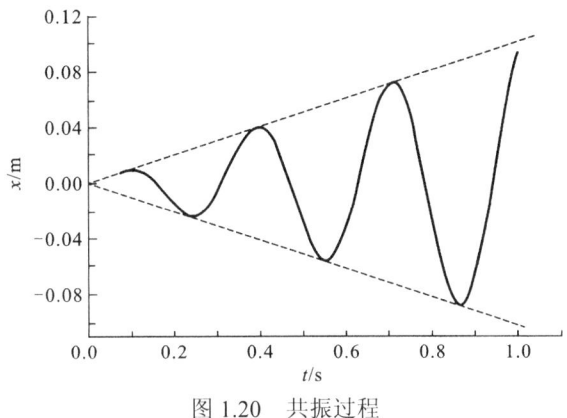

图 1.20 共振过程

对定常强迫振动，由式（1.24）得

$$x_2 = \frac{X_0}{1-\gamma^2}\cos\omega t$$

式中：$X_0 = \dfrac{F_0}{k}$，即在静力 F_0 作用下系统的位移。

定常强迫振动的振幅 X 与 X_0 的比值 $\left|\dfrac{X}{X_0}\right|$ 体现了简弦激励力的动力效应，故称放大率，记作

$$\beta = \frac{1}{|1-\gamma^2|} \tag{1.32}$$

式（1.32）所对应的曲线如图 1.21 所示。从图中可知，当 ω 接近 p，即 γ 接近 1 时，强迫振动的振幅可达到非常大的值，即发生共振。使振幅有图 1.21 放大率与频率比的关系最大值的激励频率，称为共振频率；ω 接近 p 的区域称为共振区。

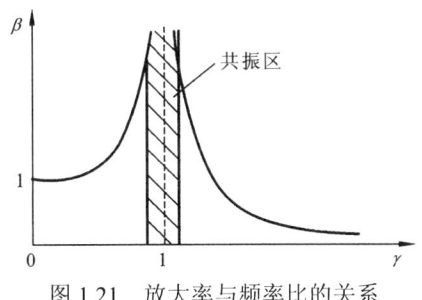

图 1.21 放大率与频率比的关系

（4）简谐振动位移、速度、加速度测量原理。

在振动测量中，有时不需要测量振动信号的时间历程曲线，而只需要测量振动信号的幅值。振动信号的幅值可根据位移、速度、加速度的关系，用位移传感器、速度传感器或加速度传感器来测量。

设振动位移、速度、加速度分别为 x、v、a，其幅值分别为 X、V、A，即

$$x = B\sin(\omega t - \varphi)$$

$$v = \frac{dx}{dt} = \omega B\cos(\omega t - \varphi)$$

$$a = \frac{d^2x}{dt^2} = -\omega^2 B\sin(\omega t - \varphi)$$

式中：B 为位移振幅；ω 为振动角频率；φ 为初相位。则

$$\begin{aligned} X &= B \\ V &= \omega B = 2\pi f B \\ A &= \omega^2 B = (2\pi f)^2 B \end{aligned} \quad (1.33)$$

振动信号的幅值可根据式（1.33）中位移、速度、加速度的关系，分别用位移传感器、速度传感器或加速度传感器来测量，也可利用动态分析仪中的微分、积分功能来测量。

四、实验步骤

（1）安装激振器。将激振器固定在实验台基座上，并在简支梁上安装力传感器（为避免损坏激振器，导致无法正常工作，在安装和紧固激振器的顶杆时，需将激振器的连接处先用工具固定后，再紧固顶杆上的螺母。）通过顶杆将激振器与力传感器相连，并用螺母固紧，用连接线连接激振器和扫频信号源功率输出接线柱。

（2）连接仪器和传感器。把电涡流位移传感器用磁性表座固定，将探头对准简支梁的中部，输出信号接到数据采集分析仪的 1 通道；把速度传感器、加速度传感器分别安装在简支梁的中部，输出信号分别接到数据采集分析仪的 2、3 通道。

（3）设置仪器参数。打开仪器电源，打开振动分析软件，新建工程文件，进入测量界面，在"测量"—"参数设置"界面中，设置采样频率、通道量程、单位和传感器灵敏度等参数。（采样频率一般设置为采集信号的 10～20 倍，保证采集的信号没有幅值失真。量程范围一般设置为采集信号的 1.5 倍，保证较高的信噪比。工程单位根据实际物理量设置，传感器灵敏度根据传感器包装盒所附带的检定证书中给出的灵敏度值进行正确设置）输入方式：加速度传感器选 IEPE，磁电式速度传感器选 AC，位移传感器选 SIN_DC。

（4）在"测量"—"图形区设计"选择"记录仪"，选择位移传感器、速度传感器、加速度传感器对应的通道 1、2、3，勾选"分开显示"，即可在一个记录仪窗口分别显示三个通道的时域信号。

（5）采集并显示数据。调节扫频信号源的输出频率和信号幅值，使梁产生明显振动。在三个窗口中读取当前振动的最大值（位移、速度、加速度）。最大值可通过在窗口中点击鼠标右键，在统计信息中选择最大值。

（6）计算数据与实验数据比较。按式（1.33）计算位移、速度或加速度值，

并与实验数据比较。

五、实验结果整理

实验数据记录（填入表 1.7 中）。根据位移 x、速度 v 加速度 a 分别应用式（1.33），计算振动的位移、速度、加速度振幅及振动频率。

表 1.7 实验数据记录

频率 f	位移 x	速度 v	加速度 a

六、思考题

（1）位移、速度、加速度幅值的实测值与计算值有无差别？分析误差产生的原因。

（2）简支梁振动系统，在不同频率正弦信号的激振下，响应波形的振幅及频率有何变化？

1.6 李萨如图形法测量简谐振动的频率

一、实验目的

（1）了解李萨如图形的物理意义规律和特点。
（2）学会用李萨如图形法测量简谐振动的频率。

二、实验设备与仪器

（1）振动教学实验台（安装简支梁），如图 1.22 所示。
（2）偏心电机。
（3）数据采集分析仪。
（4）速度传感器。
（5）振动教学分析软件。

三、实验原理

李萨如图形是把两个传感器测得的信号，一个作为 X 轴、一个作为 Y 轴进行合成得到的图形。互相垂直，不同频率的振动的合成，显示出复杂的图形，

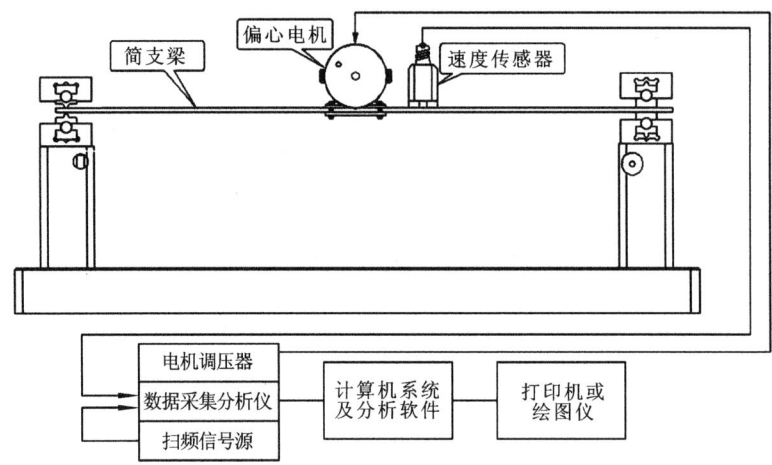

图 1.22 实验装置框图

一般情况下,图形是不稳定的,当两个振动的频率成整数比时,它们就合成了较稳定的图形。

为简单起见,以两个振动方向互相垂直的简谐振动的合成进行讨论。设两个振动波形方程为

$$x = A_1\cos(\omega_1 t + \varphi_1)$$
$$y = A_2\cos(\omega_2 t + \varphi_2) \tag{1.34}$$

其合成波形的方程式为

$$\frac{x^2}{A_1^2} + \frac{y^2}{A_2^2} - \frac{2xy}{A_1 \cdot A_2}\cos(\varphi_2 - \varphi_1) = \sin^2(\varphi_2 - \varphi_1) \tag{1.35}$$

$$\omega_1 = 2\pi f_1, \quad \omega_2 = 2\pi f_2$$

(1) 当 $\omega_1 = \omega_2$,$\varphi_2 = \varphi_1$,$\varphi_2 - \varphi_1 = 0$ 时

$$\frac{y}{x} = \frac{A_2}{A_1} \tag{1.36}$$

合成波形的轨迹是一条直线,直线通过坐标原点,斜率为两个振幅之比即 $\dfrac{A_2}{A_1}$。

(2) 当 $\omega_1 = \omega_2$,$A_2 = A_1$,$\varphi_2 - \varphi_1 = \varphi$ 时

$$x^2 - 2xy\cos\varphi + y^2 = A_1^2\sin^2\varphi \tag{1.37}$$

当 $\varphi = 0°$ 时　　　$(x-y)^2 = 0$　　　　　　　直线

当 $\varphi = 45°$ 时　　$x^2 - \sqrt{2}xy + y^2 = A_1^2/2$　　椭圆

当 $\varphi = 90°$ 时　　$x^2 + y^2 = A_1^2$　　　　　　圆

当 $\varphi = 135°$ 时　$x^2 + \sqrt{2}xy + y^2 = A_1^2/2$　　椭圆

当 $\varphi = 180°$ 时　$(x+y)^2 = 0$　　　　　　　直线

以上合成波形如图 1.23 所示。

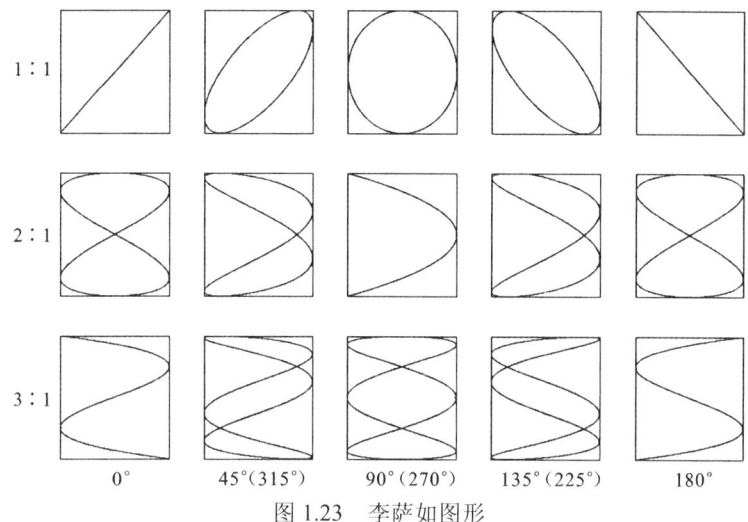

图 1.23 李萨如图形

(3) 当 $\omega_1 \neq \omega_2$、$A_2 = A_1$、$\varphi_2 - \varphi_1 = \varphi$ 时

例如：$\omega_1 = 2\omega_2$ 和 $\omega_1 = 3\omega_2$，$\varphi = 0°$，45°（315°），90°（270°），135°（225°），180°时李萨如图形，如图 1.23 所示。

(4) 当 ω_1 与 ω_2 差任意倍、$A_1 \neq A_2$ 时，合成波形更为复杂。

四、实验步骤

(1) 安装偏心电机。偏心电机的电源线接到调压器的输出端，调压器电源线接到调压器的输入端，一定要小心防止接错，把偏心电机通过安装底板安装在简支梁中部，电机转速（强迫振动频率）可用调压器电压调节旋钮来调节，调节输出电压到 110 V 左右，调好后在实验的过程中不要再改变电机转速。

(2) 连接测试系统。将信号源输出信号接到采集仪，将速度传感器布置在偏心电机附近，速度传感器测得的信号接到采集仪另一通道。

(3) 仪器设置。打开仪器电源，打开振动教学分析软件，新建工程文件，进入测量界面，在"测量"—"参数设置"界面中，设置采样频率、通道量程、单位和传感器灵敏度等参数，在"测量"—"图形区设计"选择"XY 记录仪"图标。（采样频率一般设置为采集信号的 10~20 倍，保证采集的信号没有幅值失真。量程范围一般设置为采集信号的 1.5 倍，保证较高的信噪比。工程单位根据实际物理量设置，传感器灵敏度根据传感器包装盒所附带的检定证书中给出的灵敏度值进行正确设置。）

(4) 打开扫频信号源的电源，选择正弦定频，调节频率为 10 Hz，按下"开始"按钮，然后调节输出电压至一个固定值（注意不要过载），从 1 Hz 开始手动调节输出信号的频率 f_x，观察"XY 记录仪"窗口，使屏幕上出现一直线或椭（正）圆，此时，激振信号源显示的频率即为简支梁系统强迫振动的频率 f_y。

(5) 完成数据采集后，进入"分析"界面，在"XY 记录仪"窗口将图形输出为图片。改变电机转速即改变参考信号的频率，重复步骤（1）~（5）。

（6）完成实验后，请将调压器断电，将调压器旋钮指示调回零位。

五、实验结果整理

测试结果如表1.8所示。

表1.8 测试结果

简谐振动频率		$f_y =$	Hz
周期信号频率	$f_x = f_y$	$f_x = 2f_y$	$f_x = 3f_y$
图片			

六、思考题

周期信号频率为 f_y、$f_y/2$、$2f_y$ 时，屏幕上的图形有什么规律和特点？

1.7 李萨如图形法测量单自由度系统的固有频率

一、实验目的

（1）了解李萨如图形的变化规律和共振时的特点。
（2）学会用李萨如图形法测量单自由度系统的固有频率 f_0。

二、实验设备与仪器

（1）振动教学实验台（安装简支梁），如图1.24所示。

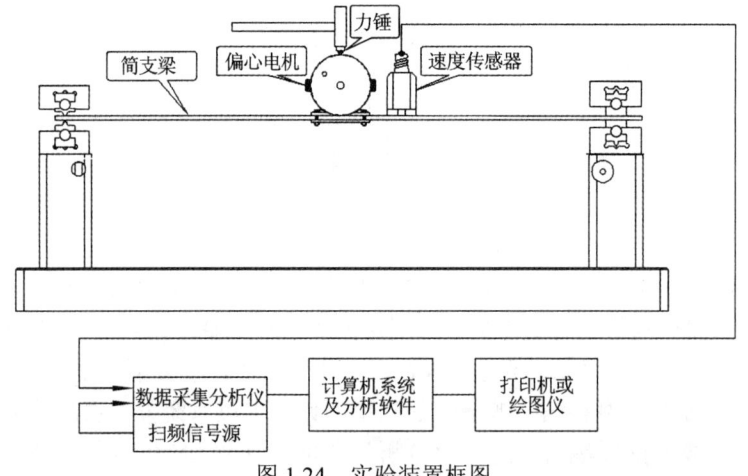

图1.24 实验装置框图

笔记栏

（2）偏心电机。
（3）力锤。
（4）数据采集分析仪。
（5）速度传感器。
（6）振动教学分析软件。

三、实验原理

系统固有频率在工程上具有很重要的意义。在动态设计时，它是衡量系统是否设计合理的一个重要参数。对于单自由度系统，求系统固有频率常用的方法归纳为对振动质点取隔离体，进行受力分析，应用牛顿运动定律列出方程。

本实验模型是在图 1.24 简支梁上安装一个集中质量（电机或质量块），将一无限多自由度的梁简化为一单自由度系统，其力学模型如图 1.25 所示。

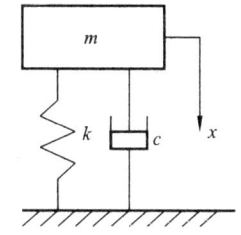

图 1.25 单自由度系统力学模型

四、实验步骤

（1）连接测试系统。将扫频信号源输出信号接到采集仪，将速度传感器布置在偏心电机附近，速度传感器测得的信号接到采集仪另一通道。

（2）设置仪器参数。打开仪器电源，打开振动教学分析软件，新建工程文件，进入测量界面，在"测量"—"参数设置"界面中，设置采样频率、通道量程、单位和传感器灵敏度等参数，输入方式为 AC，在"测量"—"图形区设计"选择"XY 记录仪"图标，分别将扫频信号源输出信号、速度传感器数据作为 X、Y 通道的信号。系统平衡清零后，开始采集数据，数据同步采集显示在记录仪窗口内。

（3）测量固有频率。用力锤轻敲偏心电机，使梁产生振动，同时调节扫频信号源的输出频率，使屏幕上出现一直线或椭（正）圆，此时，信号源显示的频率即为简支梁系统振动的频率 f_y。

（4）其他频率"李萨如图形"观察。再新建一个测试文件，将信号源输出的信号频率 f_x 变为固有振动频率 f_y 的 2 倍和固有振动频率 f_y 的 3 倍，观察屏幕上的图形。

（5）完成数据采集后，进入"分析"界面，在"XY 记录仪"窗口点击鼠标右键，可将图形输出为图片。

五、实验结果整理

绘制频率 $f_x=f_y$、$f_x=2f_y$、$f_x=3f_y$ 时，单自由度系统振动的李萨如图形。

六、思考题

使信号源产生的频率 $f_x=f_y$、$f_x=2f_y$、$f_x=3f_y$,观察"XY 记录仪"窗口上出现的李萨如图形有何特点与规律。

1.8 有/无附加阻尼对单自由度系统自由衰减的测量

一、实验目的

(1) 了解单自由度自由衰减振动的有关概念。
(2) 学会用分析仪记录单自由度系统自由衰减振动的波形。
(3) 学会根据自由衰减振动波形确定系统的固有频率 f_0 和阻尼比。
(4) 比较有无阻尼对单自由度系统衰减振动特性区别。

二、实验设备与仪器

(1) 振动教学实验台(可附加阻尼单自由度系统),实验装置框图如图 1.26 所示。

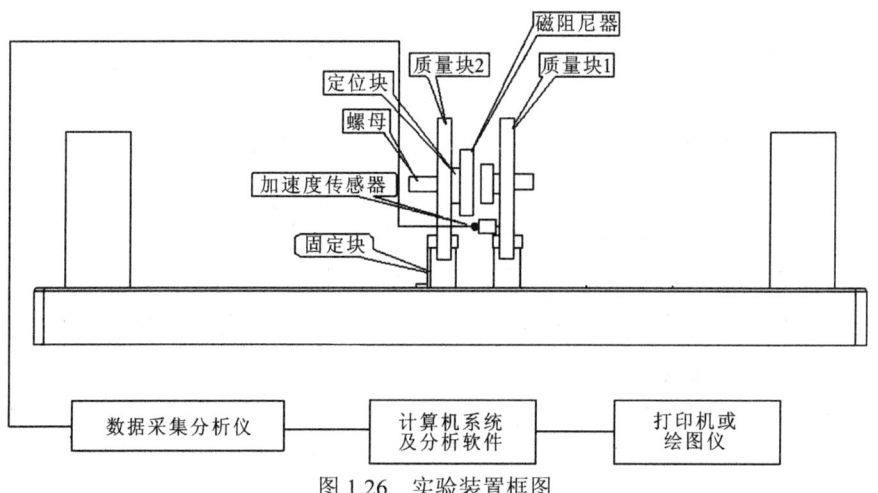

图 1.26　实验装置框图

(2) 磁阻尼器。
(3) 数据采集分析仪。
(4) 加速度传感器。
(5) 振动教学分析软件。

三、实验原理

线性阻尼系统的自由振动。阻尼是指滑动面之间(有润滑或无润滑)的摩擦力及周围介质(空气、水等)的阻力、材料内部的损耗。常见的线性阻尼（或称黏性阻尼）是指力的大小与速度一次方成正比的阻力，且方向与速度方向相反。

取质量 m 的静平衡位置为坐标原点，根据牛顿运动定律，图 1.27 系统振动微分方程 $m\ddot{x} = -c\dot{x} - kx$，可简化为

$$\ddot{x} + \frac{c}{m}\dot{x} + \frac{k}{m} = 0 \tag{1.38}$$

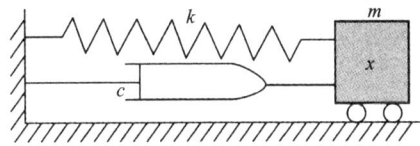

图 1.27 单自由度线性阻尼系统

引入记号

$$p = \sqrt{\frac{m}{k}}, \quad \xi = \frac{c}{2mp} = \frac{c}{2\sqrt{mk}} \tag{1.39}$$

式中：p 为固有（圆或角）频率，ξ 为阻尼比。则式（1.38）简化为

$$\ddot{x} + 2\xi p\dot{x} + p^2 x = 0 \tag{1.}$$

式（1.）的解可为

$$x = Ae^{st} \tag{1.41}$$

系统的特征方程

$$s^2 + 2\xi ps + p^2 = 0$$

方程的两个根，即系统的特征值

$$\left.\begin{array}{c} s_1 \\ s_2 \end{array}\right\} = (-\xi \pm \sqrt{\xi^2 - 1})p \tag{1.42}$$

式（1.42）中的特征值 s_1，s_2 与阻尼比 ξ 有关。根据阻尼比不同可分为临界阻尼情形（$\xi=1$）、超临界阻尼（$\xi>1$）、亚临界阻尼（$0<\xi<1$）三种状态。

单自由度系统的力学模型如图 1.27 所示。给系统（质量 m）一初始扰动，系统做自由衰减振动，其运动微分方程式为

$$m\frac{d^2x}{dt^2} + c\frac{dx}{dt} + kx = 0$$

$$\frac{d^2x}{dt^2} + 2n\frac{dx}{dt} + \omega^2 x = 0 \tag{1.43}$$

$$\frac{d^2x}{dt^2} + 2\xi\omega\frac{dx}{dt} + \omega^2 x = 0$$

式中：ω 为系统固有角频率，$\omega^2 = k/m$；n 为阻尼系数，$2n = c/m$；ξ 为阻尼比，$\xi = n/\omega$。

小阻尼（$\xi<1$）时，方程（1.43）的解为

$$x = Ae^{-nt}\sin(\omega_1 t + \varphi) \tag{1.44}$$

式中:A 为振动振幅;φ 为初相位;ω_1 为衰减振动圆频率,$\omega_1 = \sqrt{\omega^2 - n^2} = \omega\sqrt{1-\xi^2}$。

式（1.44）的图形如图 1.28 所示。

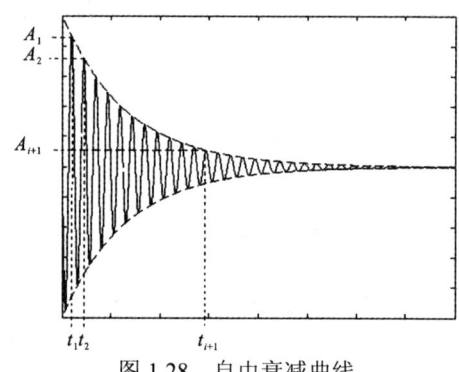

图 1.28　自由衰减曲线

设初始条件：当 $t=0$ 时，$x=x_0$，$\dfrac{\mathrm{d}x}{\mathrm{d}t}=v_0$，则

$$A = \sqrt{x^2 + \dfrac{(v_0 + nx_0)^2}{\omega^2 - n^2}} \qquad (1.45)$$

$$\mathrm{tg}\varphi = \dfrac{x_0\sqrt{w^2 - n^2}}{(v_0 + nx_0)^2} \qquad (1.46)$$

此波形有如下特点。

(1) 振动周期 T_1，大于无阻尼自由振动周期 T，即 $T_1 > T_0$。

$$T_1 = \dfrac{2\pi}{\omega_1} = \dfrac{2\pi}{\sqrt{\omega^2 - n^2}} = \dfrac{2\pi}{\omega\sqrt{1-\xi^2}} = \dfrac{T}{\sqrt{1-\xi^2}}$$

固有频率

$$f_0 = \dfrac{1}{T} = \dfrac{1}{T_1\sqrt{1-\xi^2}} \qquad (1.47)$$

(2) 振幅按几何级数衰减。

减幅系数

$$\eta = \dfrac{A_1}{A_2} = \dfrac{A_i}{A_{i+1}} = \mathrm{e}^{nT_1} \qquad (1.48)$$

对数减幅系数

$$\delta = \ln\eta = \ln\dfrac{A_1}{A_2} = \ln\dfrac{A_i}{A_{i+1}} = nT_1 \qquad (1.49)$$

对数减幅系数也可以用相隔 i 个周期的两个振幅之比来计算：

$$\delta = \dfrac{1}{i}\ln\dfrac{A_1}{A_2}\dfrac{A_2}{A_3}\cdots\dfrac{A_i}{A_{i+1}} = \dfrac{1}{i}\ln\dfrac{A_1}{A_{i+1}} = \dfrac{2\pi\xi}{\sqrt{1-\xi^2}} \qquad (1.50)$$

从而可得：$n = -\dfrac{\delta}{T_1}$；$c = 2n \cdot m$；$\dfrac{\xi}{\sqrt{1-\xi^2}} = \dfrac{1}{2\pi i}\ln\dfrac{A_1}{A_{i+1}}$

$$\xi = \frac{\ln\dfrac{A_1}{A_{i+1}}}{\sqrt{4\pi^2 i^2 + \left(\ln\dfrac{A_1}{A_{i+1}}\right)^2}} \quad (1.51)$$

四、实验步骤

（1）将单自由度系统安装成无附加阻尼单自由度系统。

① 拆下系统两边的连接块。

② 将质量块 2 的磁阻尼器定位块安装在月牙形的安装孔内，并用螺母锁紧；用固定块将质量块 2 固定，并用螺丝拧紧。

③ 此时的质量块 1 即为无附加阻尼单自由度系统。

（2）连接测试系统。将加速度传感器安装在质量块 1 的测量平面上，传感器连接到采集仪的通道。

（3）设置仪器参数。打开仪器电源，打开振动教学分析软件，新建工程文件，进入测量界面，在"测量"—"参数设置"界面中，设置采样频率、通道量程、单位和传感器灵敏度等参数，加速度传感器的输入方式为 IEPE，在"测量"界面，选中"记录仪"窗口，软件右侧选择相应通道，开始采集数据，数据同步采集显示在图形窗口内。

（4）测试和处理。用力锤敲击质量块 1 的右边平面上部，使其产生自由衰减振动。软件采集并显示单自由度系统自由衰减振动波形，然后设定 i，利用双光标读出 i 个波经历的时间 Δt，$T_1 = \Delta t$；用光标读出相距 i 个周期的两振幅的峰峰值 $2A_1$、$2A_{i+1}$，按式（1.49）计算出阻尼比 ξ，再按式（1.47）计算出固有频率 f_0。（波峰峰值 $2A_1 = A_1 - A_{1.5}$，其中 $A_{1.5}$ 为 A_1 与 A_2 之间的谷值，这样选取可以减少零点误差）进入软件分析界面，将单自由度自由衰减曲线保存为图片。

（5）有附加阻尼单自由度系统的组装。保持无附加阻尼单自由度系统状态；拧下螺母，将质量块 2 的磁阻尼器定位块移出月牙形的安装孔，旋转定位块 90°，将螺母反过来拧紧；此时的质量块 1 即为有附加阻尼单自由度系统。

（6）重复步骤（4），计算在有附加阻尼状态下单自由度系统的阻尼比 ξ 和固有频率 f_0。并保存图片。

五、实验结果整理

（1）绘出两次单自由度自由衰减振动波形图（一个无阻尼，一个有阻尼），并进行比较。

（2）根据实验数据按公式计算出固有频率和阻尼比，计算结果填入表 1.9。

表 1.9 计算结果

系统状态	i	时间 t	周期 T_1	$2A_1$	$2A_{i+1}$	阻尼比 ξ	固有频率 f_0
无阻尼							
有阻尼							

六、思考题

为什么在结构上加装阻尼器会改变振动特性？阻尼器在实际工程中的应用有哪些？

扫码观看

1.9 锤击法简支梁模态测试

一、实验目的

（1）学习测力法模态分析原理。

（2）学习测力法（锤击法）模态测试及分析方法。

二、实验设备与仪器

（1）振动教学实验台（安装简支梁），如图 1.29 所示。

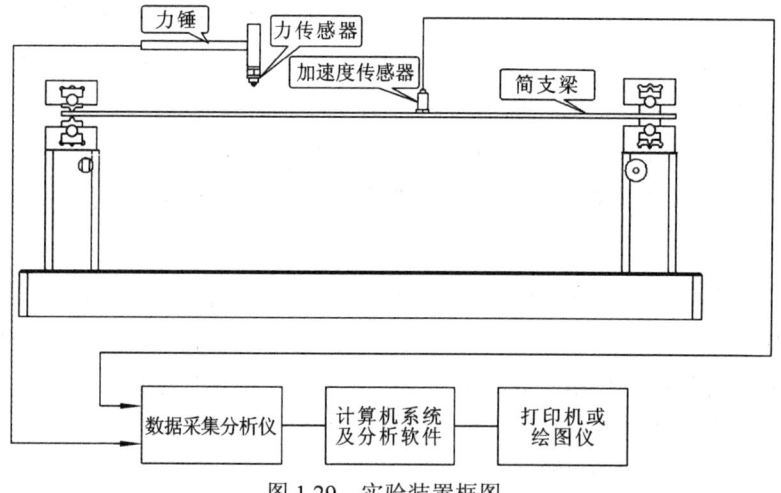

图 1.29 实验装置框图

（2）力锤（含力传感器）。

（3）数据采集分析仪。

（4）加速度传感器。

（5）振动教学分析软件。

笔记栏

三、实验原理

(1) 模态分析方法及其应用。

模态分析方法是把复杂的实际结构简化成模态模型来进行系统的参数识别(系统识别),从而大大地简化了系统的数学运算。通过实验测得实际响应来寻求相应的模型或调整预想的模型参数,使其成为实际结构的最佳描述。

主要应用有:用于振动测量和结构动力学分析。可测得比较精确的固有频率、模态振型、模态阻尼、模态质量和模态刚度;用模态实验结果去指导有限元理论模型的修正,使计算机模型更趋于完善和合理;进行结构动力学修改、灵敏度分析和反问题的计算;进行响应计算和载荷识别。

(2) 模态分析基本原理。

工程实际中的振动系统都是连续弹性体,其质量与刚度具有分析的性质,只有掌握无限多个点在每瞬间时的运动情况,才能全面描述系统的振动。因此,理论上它们都属于无限多自由度的系统,需要用连续模型才能加以描述。但实际上不可能这样做,通常采用简化的方法,归结为有限个自由度的模型来进行分析,即将系统抽象为由一些集中质量块和弹性元件组成的模型。如果简化的系统模型中有 n 个集中质量,一般它便是一个 n 自由度的系统,需要 n 个独立坐标来描述它们的运动,系统的运动方程是 n 个二阶互相耦合(联立)的常微分方程。

模态分析是在承认实际结构可以运用所谓"模态模型"来描述其动态响应的条件下,通过实验数据的处理和分析,寻求其"模态参数",是一种参数识别的方法。

模态分析的实质,是一种坐标转换。其目的在于把原在物理坐标系统中描述的响应向量,放到所谓"模态坐标系统"中来描述。这一坐标系统的每一个基向量恰是振动系统的一个特征向量。也就是说在这个坐标下,振动方程是一组互无耦合的方程,分别描述振动系统的各阶振动形式,每个坐标均可单独求解,得到系统的某阶结构参数。

经离散化处理后,一个结构的动态特性可由 N 阶矩阵微分方程描述:

$$M\ddot{x} + C\dot{x} + Kx = f(t) \tag{1.52}$$

式中:$f(t)$ 为 N 维激振向量;x、$\dot{x}$、$\ddot{x}$ 分别为 N 维位移、速度和加速度响应向量;M、K、C 分别为结构的质量、刚度和阻尼矩阵,通常为实对称 N 阶矩阵。

设系统的初始状态为零,对式(1.52)两边进行拉普拉斯变换,可以得到以复数 s 为变量的矩阵代数方程

$$[Ms^2 + Cs + K]x(s) = F(s) \tag{1.53}$$

式中的矩阵

$$Z(s) = [Ms^2 + Cs + K] \tag{1.54}$$

反映了系统动态特性,称为系统动态矩阵或广义阻抗矩阵。其逆矩阵

$$H(s) = [Ms^2 + Cs + K]^{-1} \tag{1.55}$$

称为广义导纳矩阵,也就是传递函数矩阵。由式(1.48)可知
$$X(s) = H(s)F(s) \tag{1.56}$$
在上式中令 $s=j\omega$,即可得到系统在频域中输出信号和输入信号关系式
$$X(\omega) = H(\omega)F(\omega) \tag{1.57}$$
式中:$H(\omega)$为频率响应函数矩阵。$H(\omega)$矩阵中第 i 行第 j 列的元素
$$H_{ij}(\omega) = \frac{X_i(\omega)}{F_j(\omega)} \tag{1.58}$$
等于仅在 j 坐标激振(其余坐标激振为零)时,i 坐标响应与激振力之比。

在式(1.49)中令 $s=j\omega$ 可得阻抗矩阵
$$Z(\omega) = (K - \omega^2 M) + j\omega C \tag{1.59}$$
利用实际对称矩阵的加权正交性,有
$$\boldsymbol{\Phi}^T M \boldsymbol{\Phi} = \begin{bmatrix} \ddots & & \\ & m_r & \\ & & \ddots \end{bmatrix} \quad \boldsymbol{\Phi}^T K \boldsymbol{\Phi} = \begin{bmatrix} \ddots & & \\ & k_r & \\ & & \ddots \end{bmatrix}$$

其中矩阵 $\boldsymbol{\Phi}=[\phi_1,\phi_2,\cdots,\phi_N]$ 称为振型矩阵,假设阻尼矩阵 C 也满足振型正交性关系。

$$\boldsymbol{\Phi}^T C \boldsymbol{\Phi} = \begin{bmatrix} \ddots & & \\ & c_r & \\ & & \ddots \end{bmatrix}$$

代入式(1.59)得到
$$Z(\omega) = \boldsymbol{\Phi}^{-T} \begin{bmatrix} \ddots & & \\ & z_r & \\ & & \ddots \end{bmatrix} \boldsymbol{\Phi}^{-1} \tag{1.60}$$

式中:$z_r = (k_r - \omega^2 m_r) + j\omega c_r$

$$H(\omega) = Z(\omega)^{-1} = \boldsymbol{\Phi} \begin{bmatrix} \ddots & & \\ & z_r & \\ & & \ddots \end{bmatrix} \boldsymbol{\Phi}^T$$

因此
$$H_{ij}(\omega) = \sum_{r=1}^{N} \frac{\phi_{ri}\phi_{rj}}{m_r[(\omega_r^2 - \omega^2) + j2\xi_r\omega_r\omega]} \tag{1.61}$$

式中:$\omega_r^2 = \frac{k_r}{m_r}, \xi_r = \frac{c_r}{2m_r\omega_r}$。$m_r$、$k_r$、$c_r$ 分别为第 r 阶模态质量和模态刚度(又称为广义质量和广义刚度)。m_r、ξ_r、ϕ_r 分别为第 r 阶模态质量、模态阻尼比和模态振型。

不难发现,n 自由度系统的频率响应,等于 n 个单自由度系统频率响应的线形叠加。为了确定全部模态参数,m_r、ξ_r、$\phi_r(r=1,2,\cdots,n)$ 实际上只需测量频率响应矩阵的一列(对应一点激振,各点测量的 $H(\omega)$)或一行(对应依次

各点激振,一点测量的 $H(\omega)^T$)就够了。

实验模态分析或模态参数识别的任务就是由一定频段内的实测频率响应函数数据,确定系统的模态频率 ω_r、模态阻尼比 ξ_r 和振幅 $\phi_r = (\phi_{r1}, \phi_{r2}, \cdots, \phi_{rN})^T$, $r = 1, 2, 3, \cdots, n$(n 为系统在测试频段内的模态数)。

(3)模态分析方法和测试过程。

激励方法。为进行模态分析,首先要测得激振力及相应的响应信号,进行传递函数分析,也称为频响函数分析。传递函数分析实质上就是机械导纳,i 和 j 两点之间的传递函数表示在 j 点作用单位力时,在 i 点所引起的响应。要得到 i 和 j 点之间的传递导纳,只要在 j 点加一个频率为 ω 的正弦的力信号激振,而在 i 点测量其引起的响应,可得到计算传递函数曲线上的一个点。如果 ω 是连续变化的,分别测得其相应的响应,可以得到传递函数曲线。

然后建立结构模型,采用适当的方法进行模态拟合,得到各阶模态参数和相应的模态振型动画,形象地描述出系统的振动形态。

根据模态分析的原理,我们要测得传递函数模态矩阵中的任一行或任一列,由此可采用不同的测试方法。要得到矩阵中的任一行,要求采用多点轮流激励,一点响应的方法;要得到矩阵中任一列,采用一点激励,多点测量响应的方法。实际应用时,单击拾振法,常用锤击法激振,用于结构较为轻小、阻尼不大的情况。对于笨重、大型及阻尼较大的系统,则常用固定点激振的方法,用激振器激励,以提供足够的能量。

还有一点是多点激励单点响应,当结构常因过于巨大和笨重,以至于采用单点激振时不能提供足够的能量,把模态激励出来,或者在结构同一频率时可能有多个模态,这样单点激振就不能把它们分离出来,这时就需要采用多点激振的方法,采用两个甚至更多的激励来激发结构的振动。

结构安装方式。一种经常采用的状态是自由状态。即使实验对象在任一坐标上都不与地面相连接,自由地悬浮在空中。如放在很软的泡沫塑料上;或用很长的柔索将结构吊起而在水平方向激振,可认为在水平方向处于自由状态。另一种是地面支承状态,结构上有一点或若干点与地面固结。如果在我们所关心的是实际情况支承条件下的模态,这时,可在实际支承条件下进行实验。最好还是自由支承为佳,因为自由状态具有更多的自由度。

利用相同实验原理可测亦可测量其他结构(如圆盘结构,悬臂梁)模态。

四、实验步骤

(1)模型及测点的确定。简支梁中心距离长(X 向)600 mm,宽(Y 向)56 mm,厚(Z 向)8 mm,对于简支梁,梁的厚度方向和宽度方向相对于平面方向尺寸相差较大,因此这里可以将简支梁简化成一个平面结构,仅 X 方向布置测点,并进行模态实验。即在软件的实验模态界面中,建立 XY 方向的平面模型,平面是 X 方向 600 mm,Y 方向为 56 mm,将 Z 向作为激励和响应振

动方向。测点数视要得到的模态的阶数而定,测点数目要多于所要求的阶数,得出的高阶模态结果才可信。此处考虑要获得简支梁的 5 阶模态,我们将模型沿 X 方向等分成 16 段(图 1.30)。

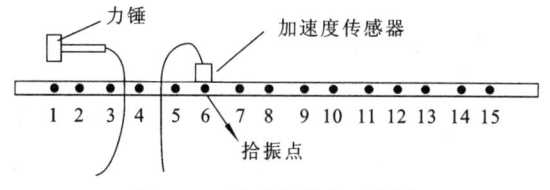

图 1.30 传感器分布示意图

由于简支梁的特性为两端被约束,所以在确定实际测点时,模型两端的点不作为测点考虑;同时考虑到梁的平面固定因素,梁在受力时,各截面的整体受力大小和方向是相同的。我们可以把等分的各个截面的两个点作为一个测点来考虑,综上所述,该简支梁共确定 15 个测点,分别标上测点号。

(2)系统连接。将系统按图 1.29 连接,把力锤(已安装力传感器)输出线接到数据采集仪 1 通道,加速度传感器安放在简支梁第 6 测点,输出信号接到 2 通道。

(3)设置仪器参数。打开仪器电源,打开振动教学分析软件,新建工程文件,进入测量界面,在"测量"—"参数设置"界面中,设置采样频率、通道量程、单位和传感器灵敏度等参数,加速度传感器的输入方式为 IEPE。(力传感器本身为电荷输出型,在单独使用时,需要先接入电荷调理器后才能再接入数据采集仪。当力传感器与力锤组合后,由于力锤内置有 IEPE 转换器,所以力锤输出信号为电压,软件中输入方式选择 IEPE 即可。在输入力锤的灵敏度时请注意,给出的分别是力传感器和 IEPE 转换的灵敏度,将 2 个值相乘后得到力锤的灵敏度,单位为 mV/N。)

进入"存储规则"界面,将存储方式选择为连续存储。进入"信号处理"界面,选择"频响分析",点击"新建"按钮,进行频响分析的参数设置,储存方式为:触发;触发方式默认为:信号触发;触发通道选择:为力锤所接入的通道;触发量级可以选择:10%(当系统测得力锤敲击的力信号大于所设置量程的 10%时,频响分析达到触发条件)表示;延迟点数选择:负延迟 200 点;分析点数:2048;平均方式:线性平均;平均次数:10 次(取 10 次频响数据进行平均处理得到该测点最终的频响曲线);频响类型:H1;数据过滤规则选择:手动确认/滤除;输入通道添加为:1 通道;测点号:1;方向为 Z+;输出通道添加为:2 通道;测点号:6;方向为 Z+。

进入"图形区设计"界面,点击 4 次"2D 图谱"图标,新建 4 个 2D 图谱窗口,返回"测量"界面,将 4 个"2D 图谱"的显示的信号,分别选择 1 通道力信号、2 通道加速度信号、频响曲线、相干曲线进行显示。可以通过在"图形区设计"界面中选择"数字表"图标,用数字表来显示平均次数的值。

(4)预采样。在示波状态下,用力锤敲击各个测点,观察有无波形,如果

笔记栏

通道无波形或波形不正常,就要检查仪器是否连接正确、导线是否接通、传感器、仪器的工作是否正常等,直至波形正确为止。使用适当的敲击力敲击各测点,调节量程范围,直到力的波形和响应的波形既不过载也不过小。该操作主要观察时间信号是否正常,若软件出现保存提示,请不要保存数据。

(5)采集数据。点击"采集"按钮,新建测试文件,按信号输入点命名所采集的数据。用力锤敲击简支梁第1个测点,可看到力信号、加速度信号的时域波形以及相应的频响曲线、相干曲线,同时系统会提示是否保存数据,表明已完成1次信号触发。(若敲击后未出现提示,表明敲击力度不够,系统未能进行信号触发采集,请加大敲击力度)点击"是"后,系统进入第2次等待触发的状态,继续进行第1测点的敲击并获得第2次触发的频响曲线,如此重复,直至系统完成10次信号触发采集后即完成第1测点的频响曲线的采集。点击"停止"按钮,完成第1个测点的采集。(力锤敲击梁时应干净利落,不要造成对梁的多次连击,否则会导致频响曲线变差。"手动确认/滤除"打开后,软件在每次敲击采集数据后,提示是否保存该次实验数据。需要自行判断敲击信号和响应信号的质量,判断原则为:力锤信号无连击,振动信号无过载。)

完成第1个测点的采集后,点击"测点编辑"按钮,将力锤通道的测点号改为"2"。对系统进行平衡清零操作,点击"采集"按钮,新建测试文件,文件名为"2",系统进入等待触发状态,将力锤移动至简支梁的第2号测点进行敲击,重复上述操作,并获取第2测点的频响曲线。 依次完成第3测点至第15测点的频响曲线采集。

(6)模态分析。完成所有测点的频响曲线采集后,进入软件"模态"界面,点击"矩形"图标,自动创建矩形模型,输入模型的长度参数600;宽度参数56;长度分段数16;宽度分段数1;点击"确定"按钮,完成模型创建,并点击"模型",显示模型的结点。选中模型,点击"点"标签,根据模型结点与实际测试时的测点情况,进行结点与测点的匹配。

进入"数据"界面,先确认实验方法为"测力法"及"多点激励单点响应"。在界面左侧勾选"单点拾振"项,点击"添加"按钮,所测试的数据将在右侧显示。

进入"参数识别"界面,确认识别方法为"PolyLSCF",在"选择频段"中,用两根竖向光标将所需分析的频率段包含在内(注意:左边的竖向光标需移动到最左边0值位置),鼠标上下移动横向光标,确定节点数(节点数大于4),识别频响曲线中峰值,出现红点标记(图1.31)。

点击"稳态图计算"按钮计算稳定图并进入"稳定图"界面。可查看已计算的稳态图,稳定图中的s、v分别表示:s代表三种模态参数全部稳定(每个参数都处在给定的精度范围之内),v代表频率和模态参与因子稳定,移动鼠标至s比较多的频率点上,下方可查看对应鼠标位置的极点信息,单击鼠标左键,选择对应极点(每个频率只需选择一个极点),并显示在左侧极点列表中。

笔记栏

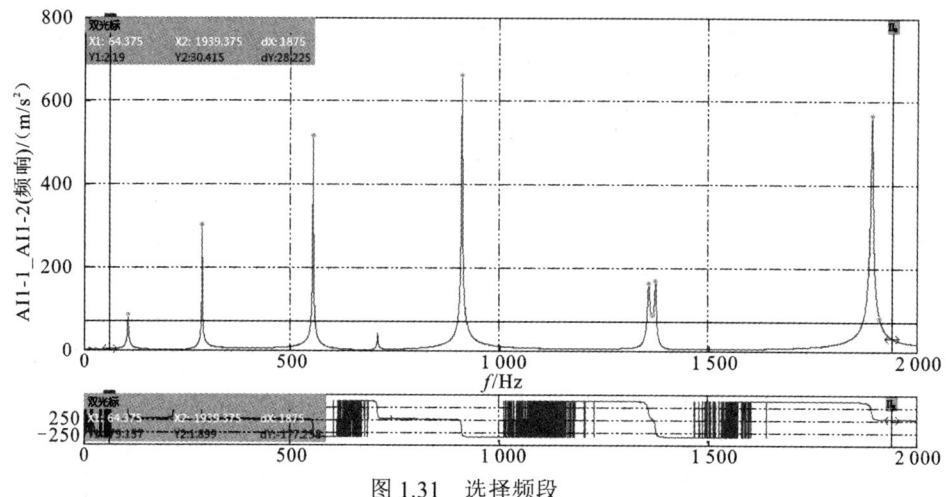

图 1.31 选择频段

极点选择完毕后,点击"振型计算"按钮,弹出归一化设置方法。采用默认的"振型值最大点归一"方法,点击"确定"按钮完成计算,并将结果显示在左下方模态参数列表中,点击"保存"按钮,保存模态结果。

(7)振型显示。模态参数计算完毕后,点击"振型"标签,进入振型动画显示界面。点击"动画"按钮,显示对应模态参数文件下各阶模态振型,移动鼠标至列表中各频率点上,单击鼠标左键,将直接显示对应振型。使用相应按钮可以动画进行控制,如更换在视图选择中选取显示方式:单视图、多模态和三视图;改变显示色彩方式;振幅、速度和大小等。

(8)MAC 模态验证。进入"模态验证"界面,点击 MAC 按钮,查看对应模态参数文件下的 MAC 图。

(9)振型输出。点击"输出视频文件"或"输出图像文件"按钮,弹出对话框,输入文件存储路径、文件名,点击保存按钮,可将振型输出为 avi 动画或图片。

五、实验结果整理

(1)记录模态参数,填入表 1.10 中。

表 1.10 模态参数表

模态参数	第一阶	第二阶	第三阶	第四阶	第五阶
频率					
阻尼比					

(2)整理各阶模态振型图。

六、思考题

对比"单点激励（锤击）多点响应实验方法"和"多点激励（锤击）单点响应实验方法"实验，是否能得到一致的实验结论？

1.10 线性扫频法简支梁模态测试

一、实验目的

（1）学习线性扫频法实验模态分析原理。
（2）学习线性扫频法模态测试及分析方法。

二、实验设备与仪器

（1）振动教学实验台（安装简支梁），如图 1.32 所示。

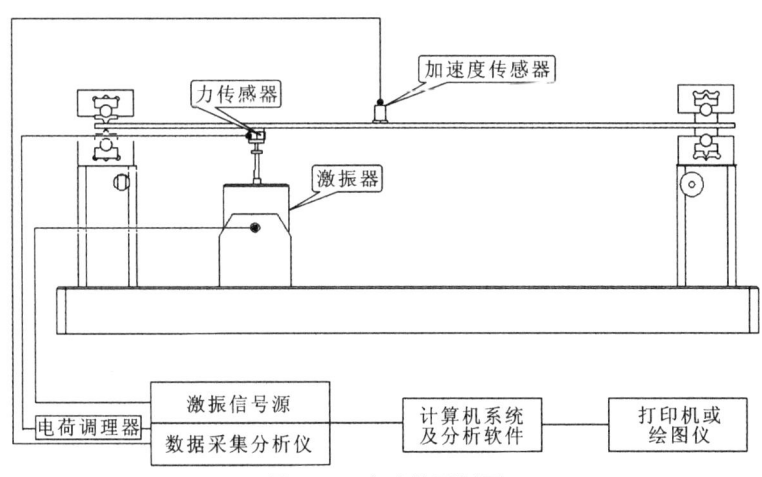

图 1.32 实验装置框图

（2）激振器。
（3）数据采集分析仪。
（4）加速度传感器。
（5）振动教学分析软件。

三、实验原理

本实验对简支梁进行实验模态分析使用的是测力法模块，与 1.9 节锤击法简支梁模态测试基本一致，区别如下。

（1）锤击法简支梁模态测试方法中，在测试输入、输出信号（激励、响应信号）的频响关系（频响函数）时，激励力由力锤提供（压电式力传感器接收

笔记栏

信号);而线性扫频法简支梁模态实验中,激励信号为力传感器拾取的扫频信号源(内置小功率功放)控制激振器激励出来的激励信号。

(2)锤击法简支梁模态测试可以选用多点激励单点响应,也可以选用单点激励多点响应,而线性扫频法简支梁模态实验由于移动激励比较困难,工作量大,所以一般情况下多点激励单点响应的方法。

四、实验步骤

(1)模型及测点的确定。简支梁中心距离长(X向)600 mm,宽(Y向)56 mm,厚(Z向)8 mm,对于简支梁,梁的厚度方向和宽度方向相对于平面方向尺寸相差较大,因此这里可以将简支梁简化成一个平面结构,仅X方向布置测点,并进行模态实验。即在软件的实验模态界面中,建立XY方向的平面模型,平面是X方向600 mm,Y方向为56 mm,将Z向作为激励和响应振动方向。测点数视要得到的模态的阶数而定,测点数目要多于所要求的阶数,得出的高阶模态结果才可信。此处考虑要获得简支梁的5阶模态,我们将模型沿X方向等分成16段(图1.30)。

(2)系统的连接。将系统按图1.32连接。将激振器固定在实验台基座上,并在简支梁上安装力传感器,通过螺杆将激振器与力传感器相连,并用螺母固紧,把激振器的信号输入端用连接线接到扫频信号源的功率输出接线柱上。将激励信号(力传感器)输出信号接入电荷调理器,再将电荷调理器接入数据采集仪的1通道,把加速度传感器依次安装在简支梁的1号测点上,输出信号接到数据采集分析仪的2通道。

(3)设置仪器参数。打开仪器电源,打开振动教学分析软件,新建工程文件,进入测量界面,在"测量"—"参数设置"界面中,设置采样频率2 kHz、通道量程、单位和传感器灵敏度等参数,力传感器输入方式为AC,加速度传感器的输入方式为IEPE。

进入"信号处理"界面,在信号处理界面同样选择频响分析,并进行频响分析参数设置。

进入"存储规则"界面,将存储方式选择为连续存储。进入"信号处理"界面,选择"频响分析",点击"新建"按钮,进行频响分析的参数设置,储存方式为:连续;分析点数:2根据频响曲线的实际显示情况设置为2048或96;平均方式:峰值保持;频响类型:H1;数据过滤规则选择:手动确认/滤除;输入通道添加为:1通道;测点号:4;方向为$Z+$;输出通道添加为:2通道;测点号:1;方向为$Z+$。

进入"图形区设计"界面,点击4次"2D图谱"图标,新建4个2D图谱窗口,返回"测量"界面,将4个"2D图谱"的显示的信号,分别选择1通道力信号、2通道加速度信号、频响曲线、相干曲线进行显示。可以通过在"图形区设计"界面中选择"数字表"图标,用数字表来显示平均次数的值。

(4)预采样。设置信号源频率的信号类型为线性扫频,起始频率10 Hz,

结束频率 1 000 Hz，线性扫频间隔 1 Hz/s。按下"开始"按钮，调节电压值为 2 000 mV 以上，信号源开始线性扫频。在示波状态下，观察有无波形，如果通道无波形或波形不正常，就要检查仪器是否连接正确，导线是否接通，传感器、仪器的工作是否正常等，直至波形正确为止。根据输出电压的大小灵活调节传感器所在通道量程范围，直到力的波形和响应的波形既不过载也不过小。若发现传感器信号过小，也可适当增加的电压输出。

（5）采集数据。软件点击"采集"按钮，新建测试文件，按信号输出点命名所采集的数据。系统开始采集数据，同时信号源输出扫频信号驱动激振器开始激振。观察 2D 图谱中频响曲线的变化，直到扫频信号达到结束频率，手动停止扫频，点击"停止"按钮，完成第 1 个测点的采集。

完成第 1 个测点的采集后，点击"测点编辑"按钮，将加速度传感器通道的测点号改为"2"。将加速度传感器移动到简支梁的第 2 号测点，对系统进行平衡清零操作，点击"采集"按钮，新建测试文件，文件名为"2"，同时信号源输出扫频信号驱动激振器开始激振。观察 2D 图谱中频响曲线的变化，直到扫频信号达到结束频率，手动停止扫频，点击"停止"按钮，完成第 2 个测点的采集。重复上述操作，依次完成第 3 测点至第 15 测点的频响曲线采集。

（6）模态分析。完成所有测点的频响曲线采集后，进入软件"模态"界面，点击"矩形"图标，自动创建矩形模型，输入模型的长度参数 600；宽度参数 56；长度分段数 16；宽度分段数 1；点击"确定"按钮，完成模型创建，并点击"模型"，显示模型的结点。选中模型，点击"点"标签，根据模型结点与实际测试时的测点情况，进行结点与测点的匹配。

进入"数据"界面，先确认实验方法为"线性扫频法"及"多点激励单点响应"。在界面左侧勾选"单点拾振"项，点击"添加"按钮，所测试的数据将在右侧显示。

进入"参数识别"界面，确认识别方法为"PolyLSCF"，在"选择频段"中，用两根竖向光标将所需分析的频率段包含在内（注意：左边的竖向光标需移动到最左边 0 值位置），鼠标上下移动横向光标，确定节点数（节点数大于4），识别频响曲线中峰值，出现红点标记（图 1.31）。

（7）振型显示。模态参数计算完毕后，点击"振型"标签，进入振型动画显示界面。点击"动画"按钮，显示对应模态参数文件下各阶模态振型，移动鼠标至列表中各频率点上，单击鼠标左键，将直接显示对应振型。使用相应按钮可以动画进行控制，如更换在视图选择中选取显示方式：单视图、多模态和三视图；改变显示色彩方式；振幅、速度和大小等。

（8）MAC 模态验证。进入"模态验证"界面，点击 MAC 按钮，查看对应模态参数文件下的 MAC 图。

（9）振型输出。点击"输出视频文件"或"输出图像文件"按钮，弹出对话框，输入文件存储路径、文件名，点击保存按钮，可将振型输出为 avi 动画或图片。

五、实验结果整理

（1）记录模态参数，填入表 1.11 中。

表 1.11　模态参数表

模态参数	第一阶	第二阶	第三阶	第四阶	第五阶
频率					
阻尼比					

（2）整理各阶模态振型图。

六、思考题

从实验方法角度来讨论，锤击法和线性扫频法适用的情景有何不同？实验结果是否存在差异？

习　题　1

一、判断题

1. 滑动摩擦力是约束力沿接触面公切线的一个分力。（　　）
2. 只有在摩擦系数非常大时，才会发生摩擦自锁现象。（　　）
3. 自锁现象是指所有主动力的合力指向接触面，且作用线位于摩擦锥之内，不论合力有多大，物体总能保持平衡的一种现象。（　　）
4. 在惯性参考系中，不论初始条件如何变化，只要质点不受力的作用，则该质点应保持静止或等速直线运动状态。（　　）
5. 若系统的总动量为零，则系统中每个质点的动量必为零。（　　）

二、选择题

1. 下述各说法正确的是（　　）。
A. 在非稳定几何约束中，虚位移仍与时间无关
B. 在非稳定几何约束中，无限小的实位移仍是虚位移中的一个
C. 质点系中各质点的虚位移必须是独立的
D. 质点系中各质点的虚位移都不是独立的

2. 刚体绕定轴转动时，下述说法正确的是（　　）。
A. 当转角 $\varphi > 0$ 时，角速度 ω 为正
B. 当角速度 $\omega > 0$ 时，角加速度为正
C. 当 $\varphi > 0$，$\omega > 0$ 时，必有 $\alpha > 0$
D. 当 $\alpha > 0$ 时为加速转动，$\alpha < 0$ 时为减速转动

3. 在光滑水平面上运动的两个球发生对心碰撞后,互换了速度,则(　　)。

A. 其碰撞为弹性碰撞

B. 其碰撞为完全弹性碰撞

C. 其碰撞为塑性碰撞

D. 碰前两球的动能相同,但它们的质量不相同

4. 一质量弹簧线性系统做自由振动,下列说法正确的是(　　)。

A. 其振动周期与初始条件无关,而振幅与初始条件有关

B. 其振动的周期、振幅与初始条件无关

C. 其振动的周期与初始条件有关,而振幅与初始条件无关

5. 重物 A 的质量为 m,悬挂在刚度系数为 K 的铅垂弹簧上,如题图 1.1 所示。若将弹簧截去一半,则系统的固有频率为(　　)。

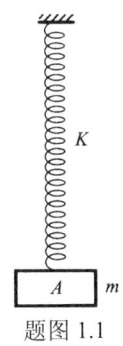

题图 1.1

A. $\sqrt{\dfrac{4K}{m}}$ B. $\sqrt{\dfrac{2K}{m}}$ C. $\sqrt{\dfrac{K}{m}}$ D. $\sqrt{\dfrac{K}{2m}}$

三、简答题

1. 采用三线摆测量圆盘转动惯量中,假如初始摆角过大,将会对实验结果造成哪些影响?并分析摆线长度对测试精度的影响?

2. 不规则物体与规则物体在质量不等的情况下,可以用等效法测定转动惯量吗?

3. 自由振动、自激振动和强迫振动的区别和各自的特点是什么?

4. 试列举几种需要测量物体重心的工程问题?

5. 已知梁的材料以及梁的横截面形状,如梁的质量可不计,如何采用振动方法测量系统的等效刚度?

6. 如何测量简支梁的固有频率和阻尼因子?

第 2 章　力学性能测试实验

材料的力学性能是指材料在力作用下表现出的弹性和非弹性反应相关或包括应力-应变关系的性能。通过实验可以测定材料变形和破坏情况下的一些重要力学性能指标，作为工程结构设计和计算强度、刚度、稳定性的依据。本章重点介绍在常温常压条件下，材料的拉伸、压缩、扭转、冲击、疲劳等力学性能测试方法。本章采用最新国家标准中的名词术语和符号，与旧标准或配套的《材料力学》教材中符号不一致，为便于理解，部分符号对照如表 2.1 所示。

表 2.1　材料力学性能符号对照表

国家新标准		旧标准	
性能名称	符号	性能名称	符号
应力	R	应力	σ
延伸率	e	应变	ε
下屈服强度	R_{eL}	屈服极限	σ_s
抗拉强度	R_m	强度极限或拉伸强度极限	σ_b 或 σ_{bt}
断后伸长率	A	断裂时的延伸率	δ
断面收缩率	Z	断面收缩率	ψ
下压缩屈服强度	$R_{eL,c}$	屈服极限	σ_s
抗压强度	R_{mc}	压缩强度极限	σ_{bc}
规定塑性延伸强度（延伸率为0.2%）	$R_{p0.2}$	条件屈服极限	$\sigma_{0.2}$
扭转时的下屈服强度	τ_{eL}	剪切屈服极限	τ_s
抗扭强度	τ_m	剪切强度极限	τ_b
冲击吸收能量	K	冲击吸收功	A_K
应力幅	S_a	应力幅	σ_a
应力比	R_S	应力比	r
条件疲劳极限	S_N	对称循环下的疲劳极限	σ_{-1}

笔记栏

2.1 金属材料拉伸破坏实验

扫码观看

拉伸实验是材料力学性能测试的基本实验，也是工程材料质量检测的常规实验，应用十分广泛。通过拉伸破坏实验可以全面了解材料的弹性变形、塑性变形、断裂破坏等力学行为。金属材料拉伸破坏实验按照《金属材料 拉伸实验 第1部分：室温实验方法》（GB/T 228.1－2021）的规定进行，温度范围为 10 ℃～35 ℃。

一、实验目的

（1）观察材料在拉伸时的变形及破坏现象，并绘制拉伸曲线：F-ΔL 曲线和 R-e 曲线。

（2）测定低碳钢拉伸时的下屈服强度 R_{eL}、抗拉强度 R_m、断后伸长率 A、断面收缩率 Z。

（3）测定铸铁拉伸时的抗拉强度 R_m。

（4）比较低碳钢（塑形材料）与铸铁（脆性材料）拉伸时的力学性能特点和破坏特征差异。

（5）了解电子万能实验机的操作方法。

二、实验设备和试样

（1）微机控制电子万能实验机，如图 2.1 所示。实验过程中数据的采集、进程的控制和实验数据的后处理全部由计算机来完成。

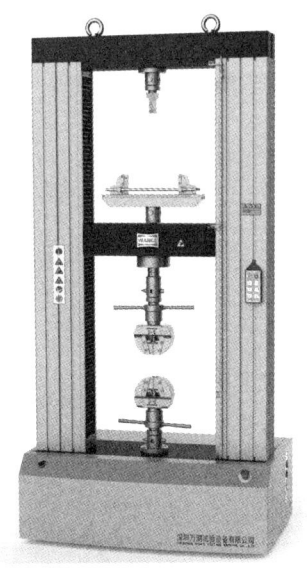

图 2.1 微机控制电子万能实验机

笔记栏

(2)游标卡尺。

(3)圆截面低碳钢和铸铁拉伸试样,如图 2.2 所示。试样按照标准加工(总长度 L_t),由平行部分(长度 L_c)、过渡部分和夹持部分三部分组成。平行部分必须保持光滑均匀以确保材料表面的单向应力状态,平行部分中测量伸长用的长度称为标距,受力前的标距称为原始标距 L_0。图 2.2 中 d_0 代表标距部分的直径,S_0 为其面积。过渡部分必须有适当的过渡圆弧以消除应力集中。

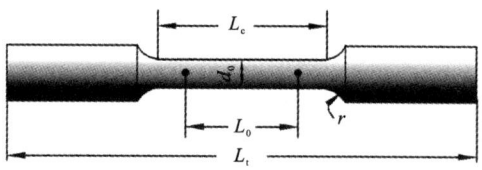

图 2.2 标准拉伸试样简图

三、实验原理

(一)低碳钢拉伸时的力学性能

以低碳钢试样为例,在电子万能实验机上进行单向拉伸直至拉断,实验机自动记录力 F 和试样伸长 ΔL,得到拉伸曲线,即 F-ΔL 曲线,如图 2.3 所示。为消除试样尺寸的影响,令应力 $R = \dfrac{F}{S_0}$,延伸率(应变)$e = \dfrac{\Delta L}{L_0}$,可以得到低碳钢的 R-e 曲线,如图 2.4 所示。从图中可知,其拉伸过程明确分弹性、屈服、强化和局部缩颈四个阶段。

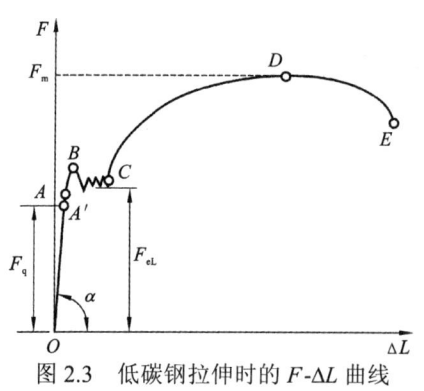
图 2.3 低碳钢拉伸时的 F-ΔL 曲线

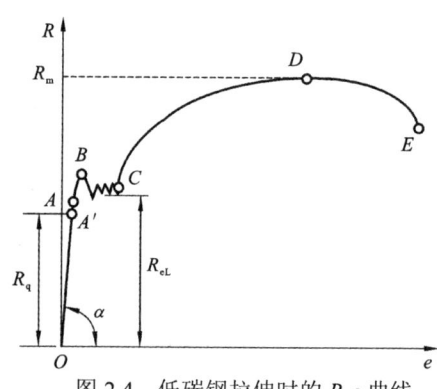
图 2.4 低碳钢拉伸时的 R-e 曲线

(1)弹性阶段,即 OA 段。受力的开始阶段,拉力较小,应力较小,变形也较小。试样的变形完全是弹性的,此阶段称为弹性阶段。弹性阶段除 AA' 一小段外,OA' 段是直线,应力与应变成正比,满足胡克定律,即

$$R = Ee \tag{2.1}$$

式中:E 为材料的弹性模量。图 2.4 中 A' 点对应的应力值为比例极限 R_q。

（2）屈服阶段，即 BC 段。当应力超过弹性极限后不久，R-e 曲线呈锯齿形波动，说明应力基本保持不变而应变却急剧增加。材料暂时失去了抵抗变形的能力，这种现象称为屈服或流动，此阶段称为屈服阶段。不计初始瞬时效应，对应波动曲线的最低点称为下屈服点，下屈服点对应的应力值称为下屈服强度，用 R_{eL} 表示为

$$R_{eL} = \frac{F_{eL}}{S_0} \quad (2.2)$$

式中：F_{eL} 为下屈服力。如果试样表面经过抛光处理，屈服时，试件表面将出现与试样轴线成 45° 的纹理，称为滑移线，这是材料内部晶格之间相对滑移而形成的，如图 2.5 所示。

（3）强化阶段，即 CD 段。经过一段时间的屈服之后，R-e 曲线逐渐上升，说明材料恢复了抵抗变形的能力，试样继续变形所需的拉力逐渐增大，这种现象称为材料的强化，此阶段称为强化阶段。强化阶段的应力最高值，是材料所能承受的最大应力值，称为抗拉强度，用 R_m 表示为

$$R_m = \frac{F_m}{S_0} \quad (2.3)$$

式中：F_m 为最大力。下屈服强度 R_{eL} 和抗拉强度 R_m 是衡量材料强度好坏的两个重要指标。R_{eL} 标志着材料出现显著的塑性变形，R_m 标志着材料失去承载能力。

（4）局部缩颈阶段，即 DE 段。在应力达到抗拉强度前，沿试样长度变形是均匀的。当应力达到抗拉强度后，试样的变形开始集中于某一局部区域内，横截面面积出现局部迅速收缩，这种现象称为局部缩颈，此阶段称为局部缩颈阶段。由于局部截面的收缩，试样继续变形，所需的拉力逐渐减小，最后，试样被拉断。如图 2.6 所示为试样局部缩颈和断裂过程。低碳钢断裂后有很大的塑性变形，断口呈杯状，周边有 45° 的剪切唇。断口组织为暗灰色的纤维状组织，是典型的韧状断口。

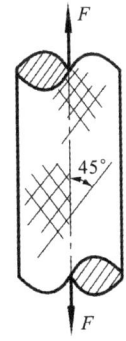

图 2.5 低碳钢拉伸时屈服现象

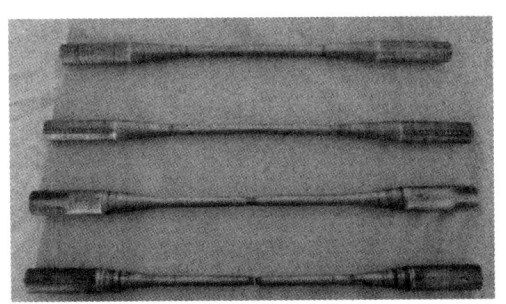

图 2.6 试样局部缩颈和断裂过程

（二）低碳钢拉断后的塑性性能表示

低碳钢试样拉断后，弹性变形瞬间消失，塑性变形永久地保留在断裂的试样上，残留的塑性变形称为残余变形。材料的塑性性能通常用断后伸长率 A 和断面收缩率 Z 表示，用百分率分别写为

$$A = \frac{L_u - L_0}{L_0} \times 100\% \quad (2.4)$$

$$Z = \frac{S_0 - S_u}{S_0} \times 100\% \quad (2.5)$$

式（2.4）和式（2.5）中：L_0 是原始标距；L_u 是断后标距；S_0 为原始横截面积；S_u 为断后最小横截面积。材料的塑性变形越大，则 A 和 Z 的值越大，因此，材料的断后伸长率 A 和断面收缩率 Z 是衡量材料塑性好坏的两个重要指标。

工程上通常按断后伸长率的大小将材料分为两大类：$A > 5\%$ 的材料称为塑性材料，如低碳钢、青铜等；$A \leq 5\%$ 的材料称为脆性材料，如铸铁、混凝土、石料等。

为准确得到这两个指标，还需注意以下几方面。

（1）原始横截面积的计算。原始横截面的计算准确度依赖于试样本身特性和类型，可参照相关标准。直径大于 4 mm 的圆形横截面试样，测量每个尺寸应准确到 ±0.5%。直径小于 4 mm 的圆形横截面试样，测量每个尺寸应准确到 ±1%。应在两个相互垂直方向测量试样的直径，取其算术平均值计算横截面积。

（2）断后伸长率的表示。试样发生局部缩颈时，及其影响区的塑性变形在断后伸长率 A 中占很大比重，因此 A 的大小不仅取决于材质，还取决于标距 L_0 的长短。为便于相互比较，试样标距应当采用比例试样，即 $L_0 = k\sqrt{S_0}$，式中 k 为比例系数。对低碳钢圆截面试样，实验前用划线器按试样直径值在试样表面划分隔线，取中间长为十倍直径的一段作为标距 L_0，此时比例系数 $k=11.3$，断后伸长率记作 $A_{11.3}$。

（3）移位法。试样断裂后的残余变形的分布是非均匀的，主要集中在缩颈处，断口附近的变形最大，距离断口位置越远，变形越小。如断裂处与最接近的标距标记的距离大于原始标距的 1/3 时，采用式（2.4）测定断后伸长率。如小于原始标距的 1/3 时，为避免试样报废，可采用移位法测定断后伸长率。

实验前将试样原始标距细分为 5 mm 或 10 mm 的 N 等份；实验后，以符号 X 标记断裂后试样短段的标距位置，以符号 Y 标记断裂后试样长段的等分位置，并要求此标记与断裂处的距离最接近于断裂处至标距标记 X 的距离。

笔记栏

如 X 与 Y 之间的分格数为 n，按如下方法测定断后伸长率。

如 $N-n$ 为偶数，如图 2.7（a）所示，测量 X 与 Y 之间的距离 l_{XY} 和测量从 Y 至距离为 $\frac{1}{2}(N-n)$ 个分格的 Z 标记之间的距离 l_{YZ}。按照下式计算断后伸长率：

$$A=\frac{l_{XY}+2l_{YZ}-L_0}{L_0}\times 100\% \qquad (2.6)$$

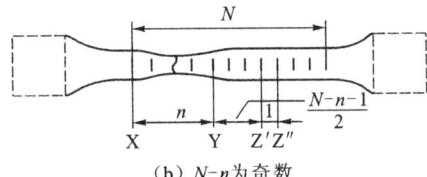

(a) $N-n$ 为偶数

(b) $N-n$ 为奇数

图 2.7 移位法测定断后伸长率

如 $N-n$ 为奇数，如图 2.7（b）所示，测量 X 与 Y 之间的距离 l_{XY} 和测量从 Y 至距离分别为 $\frac{1}{2}(N-n-1)$ 和 $\frac{1}{2}(N-n+1)$ 个分格的 Z′ 和 Z″ 标记之间的距离 $l_{YZ'}$ 和 $l_{YZ''}$。按照下式计算断后伸长率：

$$A=\frac{l_{XY}+l_{YZ'}+l_{YZ''}-L_0}{L_0}\times 100\% \qquad (2.7)$$

（三）铸铁拉伸时的力学性能

铸铁是脆性材料的典型代表，其拉伸图没有屈服阶段也没有缩颈阶段，当试样接近断裂时，R-e 曲线才稍微弯曲，如图 2.8 所示。铸铁是在几乎没有塑性变形，没有任何预兆的情况下突然发生断裂的，铸铁的强度指标只有抗拉强度 R_m，且 $R_m=\frac{F_m}{S_0}$。铸铁断口与正应力方向垂直表明是由拉应力拉断的，断面平齐为闪光的颗粒状组织，是典型的脆状断口。

图 2.8 铸铁拉伸时的 R-e 曲线

笔记栏

四、实验步骤

（1）测量试样直径。分别对头、中、尾三处测量试样的原始直径 d_0；在标距 L_0 中央及两条标距线附近各取一截面进行测量，每截面互相垂直方向测量两次取其平均值，S_0 采用最小截面直径的平均值 $d_{\min}$ 进行计算。

（2）打开实验机和测试软件，输入参数。打开电子万能实验机电源，根据实验内容和试样情况安装好夹具，设置好设备机械限位位置。打开计算机和测试软件，在联机窗口选择合适的力传感器。根据试样材料选择对应的实验方案并输入试样尺寸和相关参数。

（3）装夹试样。先装上夹头，在测试软件中将力清零，再装下夹头。装夹试样要注意完全夹住夹持段，并且不能顶住上下夹头。

（4）开始实验，观察变形和破坏现象。在测试软件中将位移清零，点击运行按钮开始实验，同时观察测试软件中的 F-ΔL 曲线或 R-e 曲线，分析拉伸图的各个阶段，观察试样拉伸过程中的变形情况，要注意低碳钢试样屈服时是否出现滑移线，最后观察缩颈现象。拉断后，实验机会自动停机。

（5）记录和测量数据，观察断口。实验结束后，通过测试软件生成的报告或曲线直接拾取相关数据。取下试样，观察低碳钢、铸铁的断口形貌和组织状态。对低碳钢试样，还要测量断口最细部位的直径 d_u，在互相垂直方向测两次取其平均值，然后将断后试样对接，测量拉断后试样的标距 L_u。

（6）关机、关电，清理实验现场。关机顺序为实验机电源、测试软件和计算机。

五、实验结果整理

（1）记录试样尺寸，并填入表 2.2 中。

表 2.2 拉伸试样尺寸

材料名称	实验前										实验后		
	标距 L_0 /mm	直径 d_0/mm								最小截面积 S_0 /mm²	标距 L_u /mm	缩颈处直径 d_u /mm	缩颈处截面积 S_u /mm²
		截面1			截面2			截面3					
		(1)	(2)	平均	(1)	(2)	平均	(1)	(2)	平均			
低碳钢													
铸铁													

（2）计算强度指标。读取或计算下屈服力、下屈服强度、最大力、抗拉强度，将结果填入表 2.3 中。

表 2.3　拉伸实验结果

材料名称	下屈服力 F_{eL}/kN	下屈服强度 R_{eL}/MPa	最大力 F_m/kN	抗拉强度 R_m/MPa	断后伸长率 A/%	断面收缩率 Z/%
低碳钢						
铸铁	—	—			—	—

（3）计算低碳钢塑性指标。按照公式计算断后伸长率和断面收缩率，将结果填入表 2.3 中。如断口的位置发生在标距的中段（约 $L_0/3$ 的长度）之外，则采用移位法计算断后伸长率 A。

（4）整理低碳钢、铸铁的拉伸图 F-Δl 曲线（或 R-e 曲线）；画断口形貌图并说明其特征。

（5）通过拉伸图描述低碳钢、铸铁的拉伸过程及各阶段的特点，分析比较低碳钢（塑性材料）与铸铁（脆性材料）拉伸时的力学性能，完成实验报告。

六、思考题

（1）强化阶段后的弹性变形和塑性变形在 R-e 曲线上如何表示？

（2）断后伸长率 A 在 R-e 曲线上如何表示？

（3）分析铸铁的破坏方式和破坏原因。

（4）为什么试样的横截面积不断缩小，仍以原始截面积计算低碳钢的抗拉强度？

2.2　金属材料压缩破坏实验

与拉伸实验一样，压缩实验也是基本实验，可以测量材料压缩时的力学性能指标。金属材料压缩破坏实验按照《金属材料　室温压缩实验方法》（GB/T 7314—2017）的规定进行，温度范围为 10 ℃～35 ℃。

一、实验目的

（1）观察低碳钢和铸铁材料在压缩时的变形及破坏现象，并绘制 F-Δh 曲线。

（2）测定低碳钢压缩时的下压缩屈服强度 R_{eLc} 和铸铁压缩时的抗压强度 R_{mc}。

（3）比较低碳钢（塑性材料）与铸铁（脆性材料）压缩时的力学性能特点。

二、实验设备和试样

(1) 微机控制电子万能实验机。

(2) 游标卡尺。

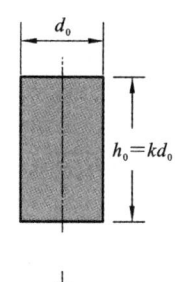

(3) 低碳钢和铸铁圆柱体试样。实验采用标准的圆柱体试样（$d_0=10$ mm），如图 2.9 所示。试样形状和尺寸的设计应保证在实验过程中为均匀单向压缩，端部不应在实验结束前损坏。单向压缩时，试样端面与压头间的摩擦力使试样的横向变形受到限制，试样越短，影响区相对越大。为了避免发生失稳，圆柱高度不能过大，通常取高度 h_0 为直径 d_0 的 2.5～3.5 倍。实验时，可通过专用的力导向装置对试样进行加载以防偏心，同时试样端面可采用润滑措施以减少摩擦。

图 2.9　压缩试样简图

三、实验原理

单向压缩时，材料的破坏过程可通过电子万能实验机得到的压缩曲线即 F-Δh 曲线来描述，如图 2.10 所示。在低碳钢的压缩曲线图上，可以得到不计初始瞬时效应时屈服阶段中的最低实际压缩力或屈服平台的恒定实际压缩力 F_{eLc}，在铸铁的压缩曲线图上可以得到最大实际压缩力 F_{mc}。低碳钢的下压缩屈服强度 R_{eLc} 和铸铁的抗压强度 R_{mc} 分别为

$$R_{eLc} = \frac{F_{eLc}}{S_0} \tag{2.8}$$

$$R_{mc} = \frac{F_{mc}}{S_0} \tag{2.9}$$

上两式中：S_0 为原始横截面积。

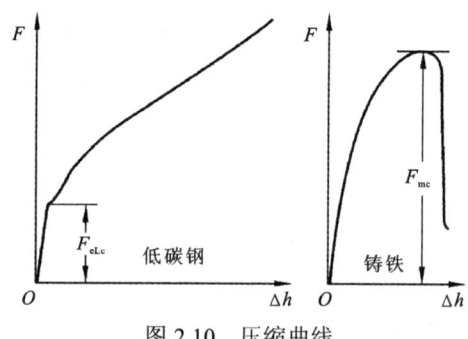

图 2.10　压缩曲线

通过压缩曲线可以换算得到低碳钢压缩时的 R-e 曲线，如图 2.11 所示。为便于比较，在图中用虚线绘出低碳钢拉伸时的 R-e 曲线。可以看出：在屈服以前，压缩时的弹性模量 E、比例极限 R_q 和下压缩屈服强度 R_{eLc} 都与拉伸

时基本一致；曲线中也有明显的屈服点，但由于试样很短，屈服阶段与拉伸相比短得多；进入强化阶段后塑性变形越来越大，因三向应力状态限制了端面附近的变形，故试样的变形呈鼓形。随着变形的增长，承载面积、三向应力状态的影响越来越大，试样继续变形的抗力不断增长，曲线开始上翘，而且上翘程度越来越陡。最后，低碳钢只能压扁而不会发生断裂，因此低碳钢压缩时只有下压缩屈服强度 R_{eLc}。

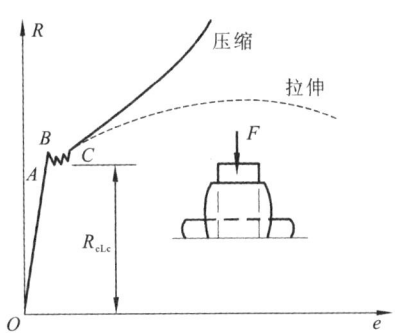

图 2.11 低碳钢试样压缩时的 R-e 曲线

铸铁受压时强度、塑性和破坏方式与拉伸相比有明显的变化，如图 2.12 所示（虚线是拉伸曲线）。铸铁受压时，随着载荷的增长，45°截面的最大切应力不断增长，因而产生明显的塑性变形，使压缩曲线与拉伸曲线相比明显变弯。试样变形后呈鼓状。最后试样在最大切应力的作用下，沿 45°~55°截面被剪断，断口平滑呈韧性。由于铸铁的抗剪能力大大超过其抗拉能力，所以其抗压强度 R_{mc} 远远大于其抗拉强度 R_{m}，是抗拉强度的 4~5 倍。

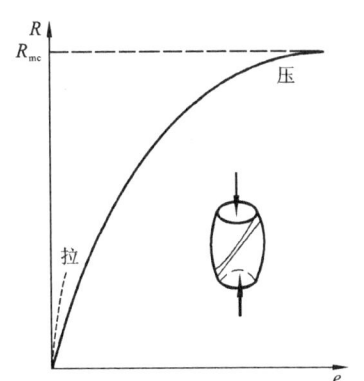

图 2.12 铸铁试样压缩时的 R-e 曲线

四、实验步骤

（1）测量试样直径。测量低碳钢和铸铁试样的原始直径 d_0，在试样中部取一截面进行测量，在互相垂直方向测量两次取其平均值。

（2）打开实验机和测试软件，输入参数。打开电子万能实验机电源，根据实验内容和试样情况安装好夹具，设置好设备机械限位位置。打开计算机和测试软件，在联机窗口选择合适的力传感器。根据试样材料选择对应的实验方案并输入试样尺寸和相关参数。

（3）装夹试样。把试样置于实验机下压头的中心位置上，将上压头缓慢移动至试样上方距离 1～2 mm 处。

（4）开始实验，观察变形和破坏现象。在测试软件中将力和位移清零，点击运行按钮开始实验，同时观察测试软件中的 $F\text{-}\Delta h$ 曲线或 $R\text{-}e$ 曲线，分析压缩曲线、观察试样压缩过程中各个阶段的变形现象。低碳钢试样一般压到 70 kN 或铸铁试样压断后，实验机会自动停机。

（5）记录和测量数据，观察断口。实验结束后，通过测试软件生成的报告或曲线直接拾取相关数据。取下试样，观察低碳钢的形状、铸铁的断口形貌和组织状态。

（6）关机、关电，清理实验现场。关机顺序为实验机电源、测试软件和计算机。

五、实验结果整理

（1）将试样尺寸填入表 2.4 中。

表 2.4　压缩试样尺寸和实验结果

材料名称	直径 d_0 /mm			截面积 S_0 /mm²	下压缩屈服力 F_{eLc} /kN	下压缩屈服强度 R_{eLc} /MPa	最大压缩力 F_{mc} /kN	抗压强度 R_{mc} /MPa
	截面 1	截面 2	平均					
低碳钢							—	
铸铁					—	—		

（2）强度指标计算。读取或计算下压缩屈服力、下压缩屈服强度、最大压缩力、抗压强度，将结果填入表 2.4 中。

（3）通过压缩曲线描述低碳钢、铸铁的压缩过程，并与拉伸曲线进行比较。

（4）画出铸铁的断口形貌图，说明其特点，分析其破坏原因，比较低碳钢（塑性材料）与铸铁（脆性材料）压缩时的力学性能，完成实验报告。

六、思考题

（1）低碳钢压缩曲线为什么会上翘？

（2）为什么铸铁拉伸时表现为脆断而压缩时却有明显的塑性变形？

（3）铸铁拉伸和压缩时的破坏原因有什么不同？为什么铸铁压缩时的强度极限 $R_{mc} \gg R_m$？

（4）为什么铸铁压缩破坏面常发生在与轴线成 45°～55°的方向上？

2.3 金属材料规定塑性延伸强度的测定

塑性材料除低碳钢外,还有高碳钢、锰钢、铝、青铜等,它们拉伸时的 R-e 曲线无明显的屈服阶段,从弹性进入塑性是光滑过度的,这种材料的屈服强度用规定塑性变形量的办法来定义。一般采用图解法测定金属材料的规定塑性延伸强度 $R_{p0.2}$,按照《金属材料 拉伸实验 第 1 部分:室温实验方法》(GB/T 228.1—2021)的规定进行,温度范围为 10 ℃~35 ℃。

一、实验目的

(1)绘制无明显屈服塑形材料拉伸时的 R-e 曲线。
(2)测定材料的规定塑性延伸强度 $R_{p0.2}$。
(3)掌握电子万能实验机的操作方法。

二、实验设备

(1)微机控制电子万能实验机。
(2)游标卡尺。
(3)圆截面高碳钢拉伸试样。

三、实验原理

如图 2.13 所示,通过电子万能实验机得到某无明显屈服塑形材料的 F-ΔL 曲线或 R-e 曲线,采用图解法测定规定塑性延伸强度。在 R-e 曲线图上,画一条与曲线弹性直线段部分平行的直线,且在延伸轴上弹性直线段部分与此直线段的距离等于规定塑性延伸率,用 e_p 表示。一般 e_p 取 0.2%,此平行线与曲线的交截点给出相应于所求规定塑形延伸强度的应力,称为规定塑性延伸强度 $R_{p0.2}$。

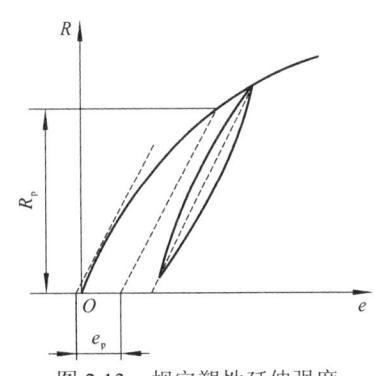

图 2.13 规定塑性延伸强度

其值也可以通过 F-ΔL 曲线中的对应力计算得到,表达式为

$$R_{p0.2} = \frac{F_{p0.2}}{S_0} \tag{2.10}$$

式中:$F_{p0.2}$ 表示规定产生 0.2%的塑形延伸力;S_0 表示试样平行长度部分的原始截面积。

一般情况下,R-e 曲线图的弹性直线部分不能明确地确定,以致不能准确画出这一平行线,通常采用以下方法。实验时,当超过预期的规定塑性延伸强度后,将力降至约为已达到力的10%。然后再施加力直至超过原已达到的力。为测定规定塑性延伸强度,过滞后环两端点画一直线。然后经过横轴上与曲线原点距离等效于所规定塑性延伸率0.2%的点,作平行于此直线的平行线。如图2.13所示,平行线与曲线的交截点给出相应于所求规定塑性延伸强度的应力,即规定塑性延伸强度$R_{p0.2}$。也可以采用国家标准中附录J提供的逐步逼近法测定规定塑性延伸强度。

四、实验步骤

(1)测量试样直径。分别从头、中、尾三处测量高碳钢试样的原始直径d_0;在标距L_0中央及两条标距线附近各取一截面进行测量,每截面互相垂直方向测量两次取其平均值,S_0采用最小截面直径的平均值d_{min}进行计算。

(2)打开实验机和测试软件,输入参数。打开电子万能实验机电源,根据实验内容和试样情况安装好夹具,设置好设备机械限位位置。打开计算机和测试软件,在联机窗口选择合适的力传感器。根据试样材料选择对应的实验方案并输入试样尺寸和相关参数。

(3)装夹试样。先装上夹头,在测试软件中将力清零,再装下夹头。装夹试样要注意完全夹住夹持段,并且不能顶住上下夹头。

(4)开始实验。在测试软件中将位移清零,点击运行按钮开始实验,注意此时加载速率要较低,从而获得更加准确的弹性段曲线。当超过预期规定的塑性延伸强度后,将力降至已达到的10%,然后再加力直至超过原来已达到的力直至试样拉断。拉断后,实验机会自动停机。

(5)记录和测量数据。实验结束后,取下试样,通过测试软件生成的报告或曲线直接拾取相关数据。

(6)关机、关电,清理实验现场。关机顺序为实验机电源、测试软件和计算机。

五、实验结果整理

(1)整理实验曲线。修正原点,将直线部分向下延伸与延伸率轴的交点即为曲线的原点;将实验中产生的滞后环两端点的连线作为弹性阶段的平行线,然后经横轴上与曲线原点距离等效于所规定的塑性延伸率0.2%的点,该点的应力即为规定塑性延伸强度$R_{p0.2}$。也可以通过式(2.10)计算得到。

(2)完成实验报告。

六、思考题

(1)为保证测试精度,R-e曲线上坐标轴灵敏度的数值应如何设置?

(2) R-e 曲线上力的起点 $F_0 \neq 0$ 而设定为一个初读数,这对 $R_{p0.2}$ 的测试结果有无影响?

2.4　引伸计法测金属材料的弹性模量

在线弹性范围,应力和延伸率(应变)成正比,比例系数称为材料的弹性模量。可以采用单轴拉伸实验,通过引伸计法测定金属材料的弹性模量,按照《金属材料　弹性模量和泊松比实验方法》(GB/T 22315—2008)的规定进行,温度范围为 10 ℃~35 ℃。

一、实验目的

(1) 测定低碳钢材料拉伸时的弹性模量 E。
(2) 学习引伸计的使用方法。

二、实验设备和试样

(1) 微机控制电子万能实验机。
(2) 电子引伸计,如图 2.14 所示。

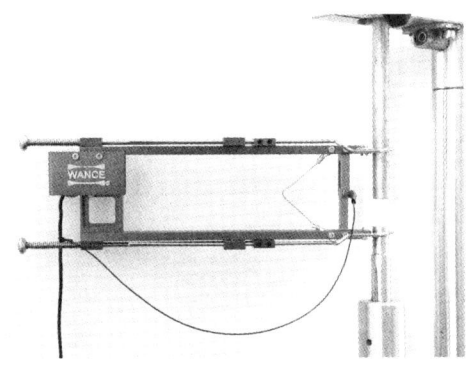

图 2.14　电子引伸计

(3) 游标卡尺。
(4) 圆截面低碳钢拉伸试样。试样按照《金属材料　拉伸实验　第 1 部分:室温实验方法》(GB/T 228.1—2021)的规定加工,要求夹持端与平行段间的过渡部分半径尽可能大,平行长度应至少超过标距长度加上两倍的试样直径。

三、实验原理

通过拉伸实验绘制低碳钢或其他塑形材料的 R-e 曲线,估算下屈服强度 R_{eL} 或规定塑性延伸强度 $R_{p0.2}$。在曲线图上不超过上述应力的线弹性范围内,弹性模量为应力变化与延伸率变化的比值。由于在弹性变形阶段，试样的变形非常小，准确测量延伸率变化需要用到电子引伸计，可通过下面两种方法得到弹性模量。

（1）图解法。在低速率下对试样缓慢加力 F，并通过电子引伸计测出标距 L_e 的相应伸长 ΔL_{eL}，得到 F-ΔL_{eL} 曲线，如图 2.15 所示。在 F-ΔL_{eL} 曲线图上确定弹性直线段，读取相距尽量远的 A、B 两点之间的轴向力变化量 ΔF 及相应的轴向变形变化量 Δl，可通过胡克定律求出弹性模量 E，即

$$E = \left(\frac{\Delta F}{S_0}\right) \bigg/ \left(\frac{\Delta l}{L_e}\right) \tag{2.11}$$

式中：S_0 为试样原始横截面积；L_e 为电子引伸计的标距。

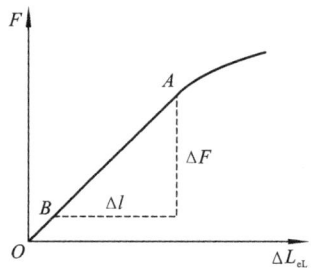

图 2.15　图解法（有弹性直线段）测定弹性模量

如果没有弹性直线段，通常规定下应力点 R_1 为 R_{eL} 或 $R_{p0.2}$ 的 10%，上应力点 R_2 为 R_{eL} 或 $R_{p0.2}$ 的 40%。如图 2.16 所示，通过上、下应力点或两应变点相对应的 A、B 点画弦线，在所画的弦线上读取轴向力变化量 ΔF 和相应的轴向变形变化量 Δl，计算弹性模量。

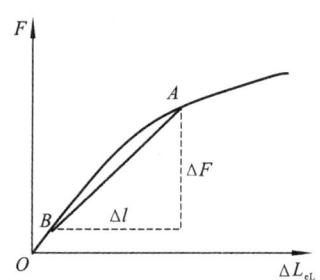

图 2.16　图解法（无弹性直线段）测定弹性模量

（2）拟合法。为检查载荷与变形的关系是否符合胡克定律，减少测量误差，实验一般采用等增量法加载，把载荷分成若干相等的加载载荷 ΔF，然后逐级加载。为保证应力不超过比例极限，加载前应先估算试样的屈服载荷，以屈服载荷的 70%～80%作为测定弹性模量的最高载荷 F_n。此外，为使实验机夹紧试样，消除引伸计和实验机结构的间隙，以及引伸计刀刃上的滑动，

对试样应施加一个初载荷,可取为屈服载荷的10%。

这样得到弹性范围内记录轴向力和相应的轴向变形的一组数字数据对,一般要求不少于8组。用最小二乘法将数据组拟合成轴向应力-轴向应变直线,该直线斜率即为弹性模量。

四、实验步骤

(1)测量试样直径。分别从头、中、尾三处测量低碳钢试样的原始直径 d_0;在标距 L_0 中央及两条标距线附近各取一截面进行测量,每截面互相垂直方向测量两次取其平均值,S_0 采用3个截面直径的算术平均值进行计算。

(2)打开实验机和测试软件,输入参数。打开电子万能实验机电源,根据实验内容和试样情况安装好夹具,设置好设备机械限位位置。打开计算机和测试软件,在联机窗口选择合适的力传感器、引伸计等设备。根据试样材料选择对应的实验方案并输入试样尺寸和相关参数。

(3)装夹试样。先装上夹头,在测试软件中将力清零,再装下夹头。装夹试样要注意完全夹住夹持段,并且不能顶住上下夹头,在试样上装夹引伸计。

(4)开始实验。在测试软件中将位移清零,点击运行按钮开始实验,先为试样施加初载荷,大小为屈服载荷的10%,采用等增量法加载,把载荷分成若干相等的加载载荷 ΔF,ΔF 大小为10%的屈服载荷,逐级加载。在到达预设最高载荷值后取下引伸计,实验结束。

(5)记录和测量数据。实验结束后,通过测试软件生成的报告或曲线直接拾取相关数据,并取下试样。

(6)关机、关电,清理实验现场。关机顺序为实验机电源、测试软件和计算机。

五、实验结果整理

(1)实验时,对应每个载荷 F_i,记录下相应的伸长 ΔL_i,得到一组数据,利用拟合法计算材料的弹性模量。

(2)如能精确测出拉伸曲线,也可在弹性直线段上取两点,测出 ΔF 和 Δl,利用图解法计算弹性模量 E。

六、思考题

(1)弹性模量 E 的意义和用途?

(2)初载荷的大小对测定弹性模量 E 值有无影响?

(3)试样的截面形状和尺寸对测定弹性模量 E 值有无影响?

扫码观看

2.5　金属材料扭转破坏实验

扭转实验主要研究材料承受纯剪切时的力学行为,扭转破坏实验按照《金属材料　室温扭转实验方法》(GB/T 10128—2007)的规定进行,温度范围为 10 ℃~35 ℃。

一、实验目的

(1) 测定低碳钢扭转时的下屈服强度 τ_{eL} 和抗扭强度 τ_m。
(2) 测定铸铁扭转时的抗扭强度 τ_m。
(3) 观察低碳钢(塑性材料)和铸铁(脆性材料)试样扭转破坏时断口的形貌特点。
(4) 了解电子扭转实验机的操作方法。

二、实验设备和试样

(1) 微机控制电子扭转实验机,如图 2.17 所示。该实验机是通过计算机控制实验过程,通过传感器采集扭矩和扭角,并转换为数字信号传入计算机,得到实验数据。

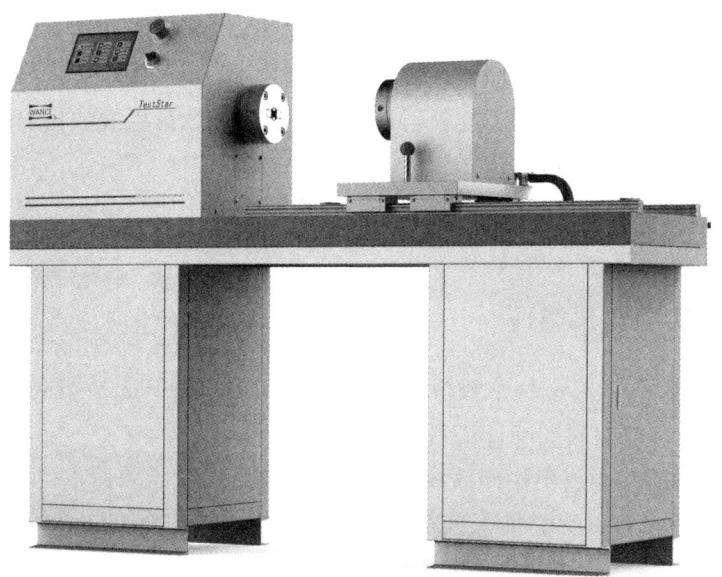

图 2.17　微机控制电子扭转实验机

(2) 游标卡尺。
(3) 低碳钢和铸铁扭转试样。采用的试样为标准规定的圆试样,如图 2.18 所示。标距部分的直径 $d_0 = 10$ mm,标距长度 $L_0 = 100$ mm 或 50 mm。

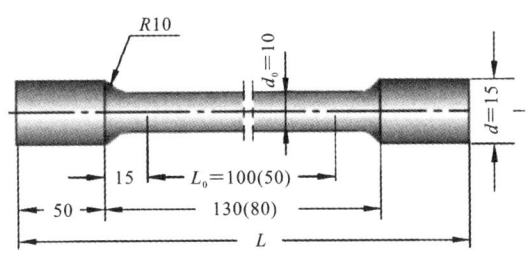

图 2.18 扭转标准试样

三、实验原理

材料的扭转破坏过程可用纯扭转曲线即 T-ϕ 曲线来描述（图 2.19），其中 T 代表施加在试样上的扭矩，ϕ 代表试样的扭角。测试软件在实验过程中可同步记录 T-ϕ 曲线。有关指标可根据定义在图上测试。纯扭转时圆试样的表面处于纯剪切应力状态，横截面上最外圆的切应力最大，与杆轴成 ±45° 角的螺旋面上分别作用着两个主应力 σ_1，σ_3 并与最大切应力 τ_{max} 绝对值相等。

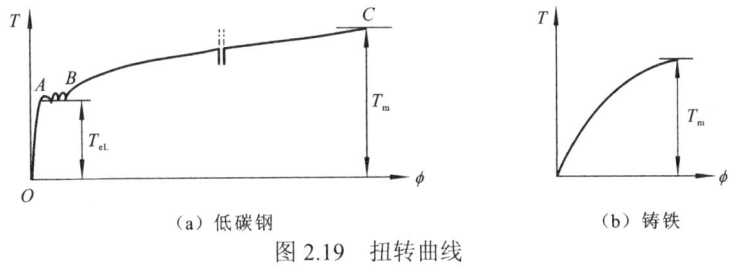

（a）低碳钢　　　　　　　　（b）铸铁
图 2.19 扭转曲线

低碳钢的扭转图如图 2.19（a）所示，大致分三个阶段。

（1）弹性阶段，即 OA 段。外加扭矩不超过弹性范围时，变形是弹性的，T-ϕ 曲线是一条直线，表明此阶段为弹性阶段。考虑到小变形，表面上一点的切应力为 $\tau = \dfrac{T}{W_P}$，切应变为 $\gamma = \dfrac{d_0 \phi}{2 L_0}$，其中扭转截面系数 W_P、直径 d_0、标距长度 L_0 为常数。由此可见，在弹性直线段，切应力 τ 与切应变 γ 成正比，服从剪切胡克定律，即

$$\tau = G\gamma \tag{2.12}$$

式中：比例常数 G 与材料有关，称为材料的剪切模量。在弹性阶段范围内卸载，试样恢复原状，没有残余变形产生。

（2）屈服阶段，即 AB 段。超过弹性范围后试样开始屈服。屈服过程是由表面至圆心逐渐进行的，这时 T-ϕ 曲线开始变弯，横截面的塑性区逐渐向圆心扩展，截面上的应力不再是线性分布，如图 2.20 所示。试样整体屈服后，T-ϕ 曲线上出现屈服平台，下屈服强度为

$$\tau_{eL} = \dfrac{T_{eL}}{W_P} \tag{2.13}$$

式中：T_{eL} 为试样的下屈服扭矩；W_P 为试样的扭转截面系数。对于圆形截面试样，$W_P = \pi d^3/16$。

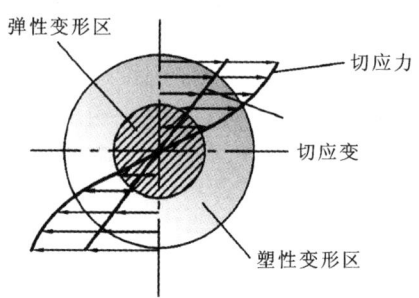

图 2.20　塑性变形开始时横截面上的应力、应变分布

（3）强化阶段，即 BC 段。超过屈服阶段后 T-ϕ 曲线又开始上升，表明材料又恢复抵抗变形的能力，即材料要继续变形扭矩就必须不断增长。低碳钢有很长的强化阶段但不同于拉伸破坏，直至断裂没有缩颈现象。实验前在试样表面画的一条母线实验后变成麻花状，形象地说明低碳钢断裂前有很大的塑性变形。

低碳钢的断口平齐、与轴线垂直［见图 2.21（a）］，表明断裂是由切应力引起的。断面上可看出回旋状塑性变形的痕迹，是典型的韧状断口。断裂时的切应力定义为抗扭强度，即

$$\tau_m = \frac{T_m}{W_P} \tag{2.14}$$

式中：T_m 为试样的最大扭矩。

（a）低碳钢的韧状平面断口　　　　　（b）铸铁45°螺旋脆状断口

图 2.21　扭转破坏的形式

需要注意的是，式（2.13）和式（2.14）是为方便对比实验结果按照弹性计算公式定义的，不是真实的下屈服强度和抗扭强度。实际上，材料完全屈服或接近扭断时，其横截面上的应力分布不再是线性关系，可近似认为切应力相同，如图 2.20 的塑性变形区。根据静力平衡条件

$$T_{eL} = \int_0^{\frac{d_0}{2}} 2\pi \tau_{eL} \cdot \rho^2 d\rho = \frac{4}{3} W_P \tau_{eL}$$

式中：ρ 为横截面上任一点到圆心的距离。故真实的下屈服强度和抗扭强度分别为

$$\tau_{eL} = \frac{3T_{eL}}{4W_P} \qquad (2.15)$$

$$\tau_m = \frac{3T_m}{4W_P} \qquad (2.16)$$

另外，也可以按照标准附录 B 中的图解法测定真实的抗扭强度。

铸铁在扭转时的力学性能如图 2.19（b）所示。铸铁的 T-ϕ 曲线加载到一定程度就较明显地偏离了直线直至断裂。说明铸铁扭断前的塑性变形较拉伸时明显。铸铁断裂时的最大切应力为抗扭强度 τ_m。

铸铁断口是与轴线成 45° 的螺旋面[见图 2.21（b）]，断面呈闪光的颗粒状组织与拉伸断口的组织相同，充分表明其断裂是由最大拉应力引起的。最大拉应力先于最大切应力达到强度极限后发生断裂又说明了铸铁的抗拉能力弱于其抗剪能力。

四、实验步骤

（1）测量试样直径。分别从头、中、尾三处测量低碳钢和铸铁试样的原始直径 d_0；在标距 L_0 中央及两条标距线附近各取一截面进行测量，每截面互相垂直方向测量两次取其平均值，W_P 采用最小截面直径的平均值 d_{min} 进行计算。

（2）打开实验机和测试软件，输入参数。打开电子扭转实验机电源，根据实验内容和试样情况安装好夹具。打开计算机和测试软件，根据试样材料选择对应的实验方案并输入试样尺寸和相关参数。

（3）按要求装夹试样。按"对正"按键，使两夹头对正，将试样左端放入主动夹头的钳口间，扳动夹头的手柄将试样夹紧。按"扭矩清零"按键。推动右支座移动，使试样的头部进入从动夹头的钳口间。按下"试样保护"按键，然后扳动夹头的手柄，直至将试样夹紧。

（4）开始实验，观察变形和破坏现象。按"扭角清零"按键，在低碳钢扭转实验时，在试样表面画一条轴向标记线，以便形象观察低碳钢的扭转变形，点击"运行"按钮开始实验，同时观察测试软件中的 T-ϕ 曲线，分析扭转实验的各个阶段。扭断后，实验机会自动停机。

（5）记录和测量数据，观察断口。实验结束后，通过测试软件生成的报告或曲线直接拾取相关数据。取下试样，观察低碳钢、铸铁的断口形貌和组织状态。

（6）关机、关电，清理实验现场。关机顺序为实验机电源、测试软件和计算机。

五、实验结果整理

（1）记录试样尺寸，并填入表 2.5 中。

笔记栏

表 2.5　扭转试样尺寸

材料名称	直径 d_0 /mm									最小截面积 S_0 /mm²
	截面 1			截面 2			截面 3			
	(1)	(2)	平均	(1)	(2)	平均	(1)	(2)	平均	
低碳钢										
铸铁										

（2）强度指标计算。根据国家标准规定，材料的强度指标仍可近似的按弹性计算公式计算。将实验结果也填入表 2.6 中。

表 2.6　扭转实验结果

材料名称	下屈服扭矩 T_{eL} /N·m	下屈服强度 τ_{eL} /MPa	最大扭矩 T_m /N·m	抗扭强度 τ_m /MPa
低碳钢				
铸铁		—	—	

（3）通过 T-ϕ 曲线分析比较两种材料的扭转过程并绘制其断口图。

（4）根据断裂方式分析两种材料的破坏原因。通过铸铁拉伸、压缩、扭转三种不同的破坏方式和破坏原因，分析比较铸铁在抗拉、抗压和抗剪能力上的差异。

六、思考题

（1）铸铁拉伸和扭转的破坏原因是否相同？为什么铸铁扭转断裂较拉伸断裂时有较明显的塑性变形？

（2）试估计试样表面轴向标记线在扭转过程中积累发生的线应变。它为什么远远大于由延伸率算出的拉伸试样的线应变？

（3）根据扭转断口说明两种材料的破坏原因，并对它们自身的抗断能力进行比较。

2.6　剪切模量的测定

剪切模量（或切变模量）G 的测定实验按照《金属材料 室温扭转实验方法》（GB/T 10128—2007）的规定进行，温度范围为 10 ℃～35 ℃。

一、实验目的

（1）验证剪切胡克定律。
（2）测定低碳钢的剪切模量 G。

笔记栏

二、实验设备和试样

（1）电子扭转实验机。
（2）扭角测量装置。
（3）游标卡尺。
（4）低碳钢扭转试样。采用的试样为标准规定的圆试样，标距部分的直径 $d = 10$ mm。

三、实验原理

圆轴承受扭转时，材料处于纯剪切应力状态。当施加扭矩不超过弹性范围时，$T\text{-}\phi$ 曲线中有一条直线段，表明切应力 τ 与切应变 γ 成正比，材料的剪切模量 G 就是该直线段的斜率。

为准确测量剪切模量，当对试样施加扭矩 T 时，两截面上的相对扭转角 ϕ 需通过扭角测量装置（扭转计）测出，如图 2.22 所示。剪切模量 G 的测定有图解法和逐级加载法。

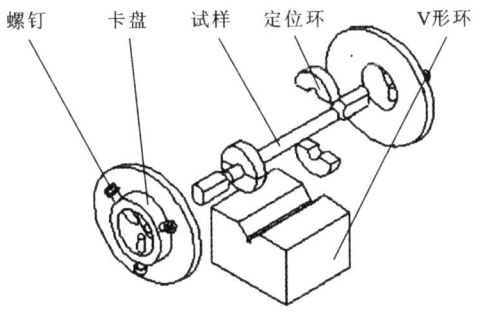

图 2.22 扭角测量装置

（1）图解法。通过电子扭转实验机自动记录扭矩-扭角曲线。在曲线的弹性直线段上，读取扭矩增量和相应的扭角增量，如图 2.23 所示。根据剪切胡克定律，按下式计算剪切模量

$$G = \frac{\Delta T L_e}{I_P \Delta \phi} \tag{2.17}$$

式中：L_e 为扭转计的标距；I_P 为极惯性矩。对于圆形截面试样，$I_P = \dfrac{\pi d^4}{32}$。

（2）逐级加载法。对试样施加预扭矩，预扭矩一般不超过试样的下屈服扭矩 T_{eL} 或规定非比例扭转强度 $\tau_{p0.015}$ 的 10%，施加的最大扭矩不超过 50%。装上扭转计并调整其零点。在弹性直线段范围内，用不少于 5 级等扭矩对试样加载，记录每级扭矩和相应的扭角，读取每组数据的时间不超过 10 s 为宜。计算出平均每级扭角增量，按式（2.17）计算剪切模量。还可以用最小二乘法将数据对拟合成直线计算剪切模量。

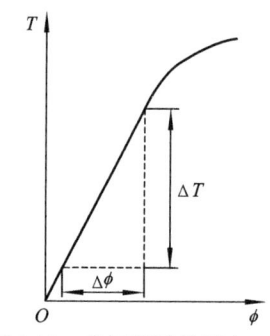

图 2.23 剪切模量的测定

四、实验步骤

（1）测量试样直径。分别从头、中、尾三处测量低碳钢试样的原始直径 d_0；在标距中央及两条标距线附近各取一截面进行测量，每截面互相垂直方向测量两次取其平均值，I_p 采用最小截面直径的平均值 d_{min} 进行计算。

（2）打开实验机和测试软件，输入参数。打开电子扭转实验机电源，根据实验内容和试样情况安装好夹具。打开计算机和测试软件，根据试样材料选择对应的实验方案并输入试样尺寸和相关参数。

（3）安装扭角测量装置。先将一个定位环夹套在试样的一端，装上卡盘，将螺钉带紧。再将另一个定位环夹套在试样的另一端，装上另一卡盘。

（4）按要求装夹试样。按"对正"按键，使两夹头对正，将试样左端放入从动夹头的钳口间，根据不同的试样标距要求，将试样搁放在相应的 V 形块上，使扭角测量装置两卡盘与 V 形块的两端贴紧，保证卡盘与试样垂直，以确保标距准确，扳动夹头的手柄将试样夹紧。按"扭矩清零"按键。推动移动支座移动，使试样的头部进入主动夹头的钳口间。按下"试样保护"按键，然后扳动夹头的手柄，直至将试样夹紧。

（5）开始实验。先施加预扭矩（下屈服扭矩的10%），转上扭转计并调整其零点，点击"运行"按键开始实验，采用等增量逐级加载，把扭矩分成若干相等的加载载荷 ΔT（大小为 5%~8% 的下屈服扭矩 T_{eL}），当达到最大扭矩（下屈服扭矩的50%）后，实验机自动停机。

（6）记录数据。实验结束后，取下试样，通过测试软件生成的报告或曲线直接拾取相关数据。

（7）关机、关电，清理实验现场。关机顺序为实验机电源、测试软件和计算机。

五、实验结果整理

（1）以扭矩 T 为纵坐标，扭角 ϕ 为横坐标，作弹性阶段的 T-ϕ 图，观察是否为一直线，以验证剪切胡克定律。

笔记栏

（2）按照公式计算剪切模量 G。
（3）完成实验报告。

六、思考题

（1）能否通过剪切实验测量剪切模量 G？为什么？
（2）扭转试样各点受力和变形并不均匀，为什么能由它验证切应力与切应变间的线性关系？

2.7 冲击实验

冲击载荷是物体接触瞬时速度急剧变化所引起的载荷。在冲击载荷作用下，材料会经历弹性、塑性和断裂三个阶段。在弹性阶段，材料的力学性能与静载荷作用下基本相同，如弹性模量和泊松比等都无明显变化。但进入塑性阶段后，当应变速率达到一定程度，力学性能将发生显著变化，塑性良好的材料会呈现脆化。工程上常用缺口冲击弯曲实验来评定材料的韧脆程度，检验材料的内部缺陷，揭示金属材料在高应变速率下的脆断趋势。缺口冲击弯曲实验一般按国家标准《金属材料 夏比摆锤冲击实验方法》（GB/T 229—2020）的规定进行，温度范围为 23 ℃±5 ℃。

一、实验目的

（1）观察比较低碳钢和铸铁两种材料在冲击下的破坏情况和断口形貌。
（2）测定低碳钢和铸铁的冲击吸收能量 K。
（3）了解摆锤冲击实验方法。

二、实验设备和试样

（1）摆锤冲击实验机，如图 2.24 所示。

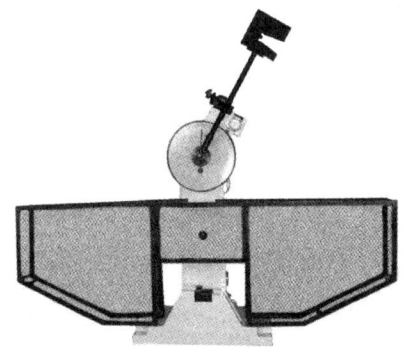

图 2.24 摆锤冲击实验机

(2) 游标卡尺。

(3) 低碳钢和铸铁冲击试样。采用标准规定的两种冲击试样,如图 2.25 所示。一种为 U 形缺口试样,一种为 V 形缺口试样。试样开缺口是为了在缺口附近造成应力集中和三向不等拉应力状态,使材料产生脆化倾向让塑性变形仅局限在缺口附近不大的体积范围内保证试样一次就被冲断,而且断裂就发生在缺口处。铸铁、工具钢一类的脆性材料很容易冲断,试样可不开缺口。

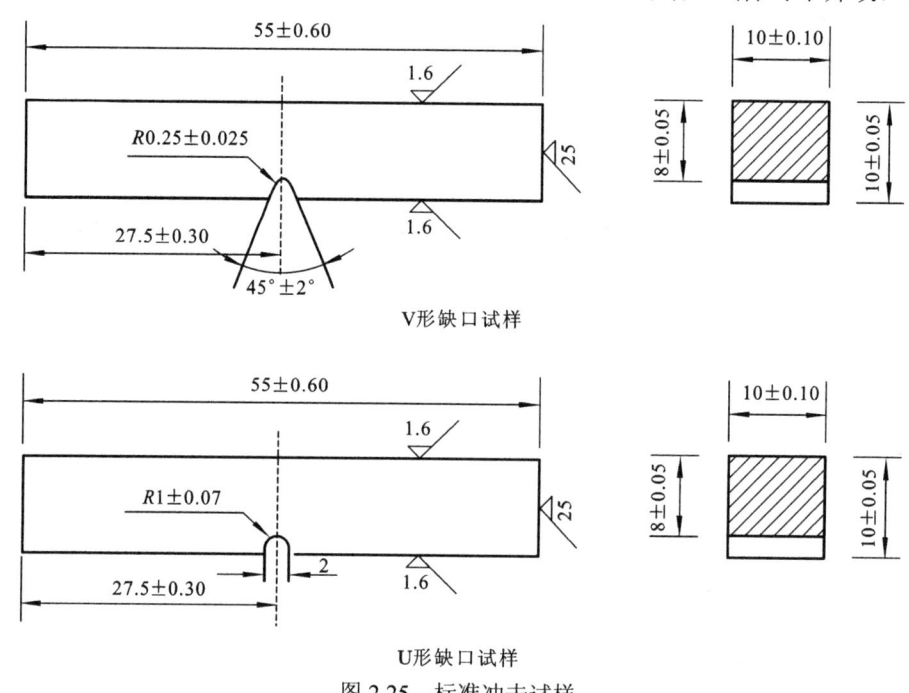

图 2.25 标准冲击试样

三、实验原理

冲击载荷的加载速度很高,冲击力很难准确测定,因此冲击载荷习惯上用能量的形式来描述。为显示加载速率和缺口效应对金属材料韧性的影响,需要进行缺口试样冲击弯曲实验,测定材料的冲击韧性。冲击韧性是指材料在冲击载荷作用下吸收塑性变形功和断裂功的能力,常用标准试样的冲击吸收能量 K 表示,一般通过一次摆锤冲击弯曲实验来测定。

实验时,试样以简支梁的形式安放在实验机的支座上,试样的缺口背对摆锤的刀口,如图 2.26 所示。

冲击实验原理如图 2.27 所示,把重量为 G 的摆锤举至 H 的高度,摆锤获得的初始势能为 GH,然后落锤将试样一次冲断,此时摆锤的剩余能量为 Gh,冲断试样消耗的能量 $G(H-h)$ 就是试样的冲击吸收能量,用 K 表示,即

$$K = G(H - h) \tag{2.18}$$

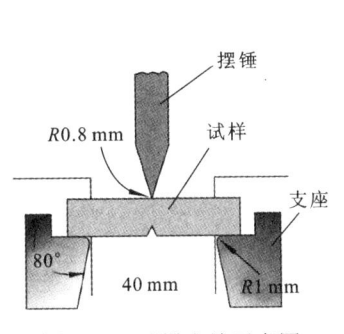
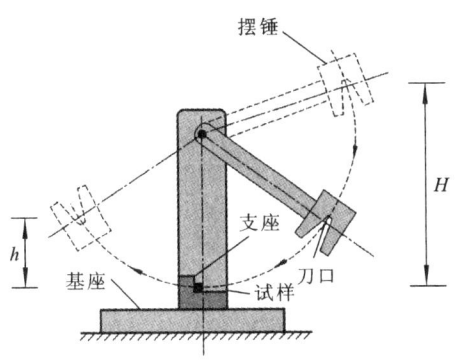

图 2.26 试样安放示意图　　　　图 2.27 冲击实验原理图

标准试样缺口有 U 形和 V 形两种，冲击实验机摆锤的刀刃半径有 2 mm 和 8 mm，不同缺口试样测得的冲击吸收能量有 KV_2、KV_8、KU_2、KU_8 表达式。

需要注意的是，随着温度的降低，低碳钢的 K 会骤然下降，出现冷脆现象，所以常温冲击实验一般在 18 ℃～28 ℃内进行。另外冲击过程所消耗的能量，除大部分为试样断裂所吸收外，还有一小部分消耗于支座振动、空气阻力、摩擦损耗等方面，因这部分能量相对较小，一般可忽略。但它却随实验初始能量的增大而加大，故对消耗能量值较小的脆性材料，宜选用冲击能量较小的实验机，否则会影响结果的准确性。

四、实验步骤

（1）测量试样尺寸。测量试样缺口处的截面尺寸 3 次，取平均值。

（2）先空打一次。选择实验机量程和摆锤大小，按下"取摆"按键，将摆锤举到规定高度后，落锤空打一次，校正零点。

（3）安放冲击试样。将摆锤略微抬起、锁定，安放试样，令缺口背对摆锤刀口使缺口尖端位于受拉面并对中。

（4）将摆锤举至所需位置，释放摆锤，冲断试样，然后记录试样的冲击吸收能量 K 值。

（5）实验结束，摆锤下放到铅锤位置，取下试样，观察断口。

五、实验结果整理

（1）计算两种材料、不同缺口试样的冲击吸收能量 K 值。

（2）分析、比较两种材料抗冲击的能力。

（3）画出两种材料、不同缺口试样的断口草图。并比较低碳钢 U 形、V 形缺口试样断口组织形貌的差异。

（4）根据实验目的和结果完成实验报告。

六、思考题

（1）冲击试样为什么要开缺口？

（2）分析低碳钢和铸铁冲击断口组织形貌的差异，并说明其原因。

2.8 疲劳实验

在工程实际中，有许多构件如曲轴、连杆、齿轮、轴承、叶片等，要承受随时间周期性变化的交变载荷作用，产生交变应力。在交变应力作用下，即使应力低于材料的屈服应力，但经过长期重复作用之后，构件也往往会发生破坏，称为疲劳。由塑性很好的材料制成的构件，往往在没有明显塑性变形的情况下突然发生脆性断裂，这种疲劳破坏往往会造成重大事故或不可估量的损失。因此，开展疲劳实验，测定必要参数具有重要意义。疲劳实验按照受力方式可分为弯曲疲劳、轴向疲劳、扭转疲劳等，按环境温度可分为室温疲劳、高温疲劳和低温疲劳。本次金属材料的疲劳实验按照《金属材料 疲劳实验 轴向力控制方法》（GB/T 3075—2021）的规定进行，温度范围为 10 ℃～35 ℃。

一、实验目的

（1）了解疲劳实验的基本原理。

（2）掌握疲劳极限、S-N 曲线的测试方法。

（3）观察疲劳失效现象和断口特征。

二、实验设备和试样

（1）微机控制高频疲劳实验机。如图 2.28 所示，实验机主要由主机、电气控制箱和计算机三部分组成，通过系统控制软件操作和处理数据，测量金属或合金材料在室温下的拉压交变负荷的疲劳特性、疲劳寿命。

图 2.28 微机控制高频疲劳实验机

（2）游标卡尺。

（3）金属材料疲劳试样。疲劳试样的形式和尺寸取决于实验机的类型和实际工作的需要。由于疲劳强度对试样表面的缺陷十分敏感，所以试样加工应非常严格地按有关国家标准进行。如图 2.29 所示，对圆形试样标距部分的直径要求 $5\,\text{mm} \leqslant d \leqslant 10\,\text{mm}$，平行长度要求 $L_p \geqslant 2d$，过渡弧半径要求 $r \geqslant 2d$，夹持段直径 $D \geqslant 2d$。对板状试样，则把上述式子中的 d 换为 W。

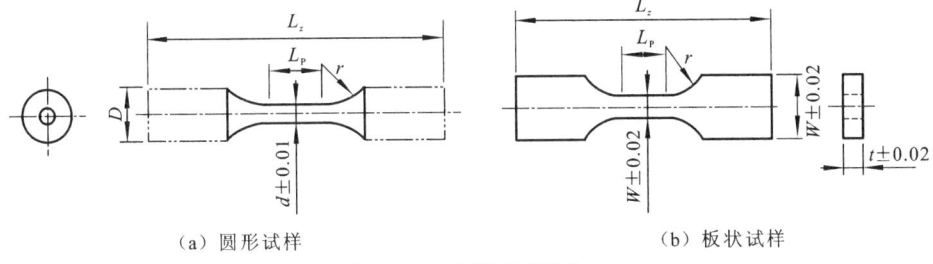

（a）圆形试样　　　　　　（b）板状试样

图 2.29　疲劳试样形状

三、实验原理

金属材料在交变应力长期作用下发生局部累计损伤，经一定循环次数突然发生疲劳断裂。疲劳破坏是一个裂纹形成、扩展，直至最终断裂的过程。在工作应力超过一定值时，由于循环应力的反复交变，构件上应力最大或材料最薄弱的地方首先形成微裂纹，随着循环次数的增加，裂纹按一定速率逐渐扩展，而构件的承载面积逐渐减少，当裂纹面上的应力达到材料的断裂强度时，就突然发生断裂。裂纹扩展时，高应变塑性区只限于裂纹尖端附近。断裂时，宏观上没有明显的塑性变形，因此表现为脆断。疲劳断口明显地分成光滑区（裂纹扩展区）和粗糙区（最后断裂区），如图 2.30 所示。

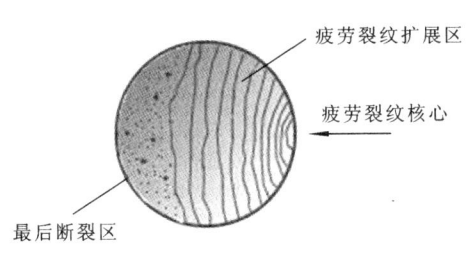

图 2.30　疲劳断裂宏观断口示意图

金属材料的抗疲劳性能常用疲劳应力-疲劳寿命的关系曲线即 $S\text{-}N$ 曲线来描述。如图 2.31 所示，以失效时的循环次数 N（疲劳寿命）为横坐标，以应力幅值（或依赖于应力循环的其他应力值）为纵坐标绘图，穿越实验数据点近似中线绘画的平滑曲线称为 $S\text{-}N$ 曲线。其中循环次数采用对数坐标，应力坐标轴采用线性坐标。对于不同应力比（单循环的最小应力和最大应力比值）的每组实验都可以得到这样的曲线。一般实验常采用对称循环，应力比 $R_S = -1$。从图 2.31 中看出，高应力区的疲劳寿命短，随着应力水平下降，失效时的循环次数增加。

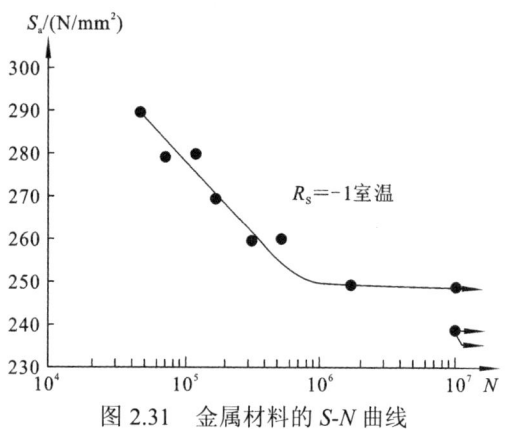

图 2.31　金属材料的 S-N 曲线

对于一般具有应变时效的金属材料，如碳钢、合金结构钢、球墨铸铁等，当循环应力水平降到某一临界值时，S-N 曲线出现明显的水平部分，表明无限次应力循环试样也不发生疲劳破坏，相应的应力称疲劳极限。正应力对称循环下的疲劳极限记为 σ_{-1}。实验证明，如果经受 10^7 次循环仍不破坏，可认定承受无限次应力循环，一般选取 10^7 次作为循环基数，记为 N_0。

另一类金属材料，如铝合金、钛合金、不锈钢和高强度钢等，它们的 S-N 曲线上没有水平部分，只是随应力水平降低，循环次数不断增大。此时，只能根据材料的使用要求规定某一循环次数下不发生失效的应力作为条件疲劳极限，用 S_N 表示。如铝合金和高强度钢规定循环次数 $N = 10^7$ 次，钛合金规定 $N = 10^8$ 次。

在 S-N 曲线的低应力区，测试对称循环时的疲劳极限 σ_{-1} 或条件疲劳极限采用升降法。试样取 13 根以上。实验一般分 5 级，每级应力增量取预计疲劳极限的 5%以内。第一根试样的实验应力水平略高于预计疲劳极限。根据上根试样的实验结果，判定失效或者通过（即达到循环基数不破坏）来决定下根试样应力增量是减还是增，失效则减，通过则增。直到全部试样做完。第一次出现相反结果（失效和通过，或通过和失效），以前的实验数据，如在以后实验数据波动范围之外，则予以舍弃；否则，作为有效数据，连同其他数据加以利用，按以下公式计算疲劳极限：

$$\sigma_{-1} = \frac{1}{m} \sum_{i=1}^{n} v_i \sigma_i \tag{2.19}$$

式中：m 是有效实验总次数；n 是应力水平级数；σ_i 是第 i 级应力水平；v_i 是第 i 级应力水平下的实验次数。

例如，某低应力水平的疲劳实验过程，如图 2.32 所示共 14 根试样。对称循环时，应力水平与应力幅值相同。预计疲劳极限为 390 MPa，取其 2.5%约 10 MPa 为应力增量，第 1 根试样的应力水平 402 MPa，全部实验数据波动如图 2.32 所示。从图中可见，第 4 根试样为第一次出现的相反结果，在其之前，只有第 1 根在以后实验波动范围之外，为无效，则按上式求得疲劳极限如下：

$$\sigma_{-1} = \frac{1}{13}(3 \times 392 + 5 \times 382 + 4 \times 372 + 1 \times 362) = 380 \text{ MPa}$$

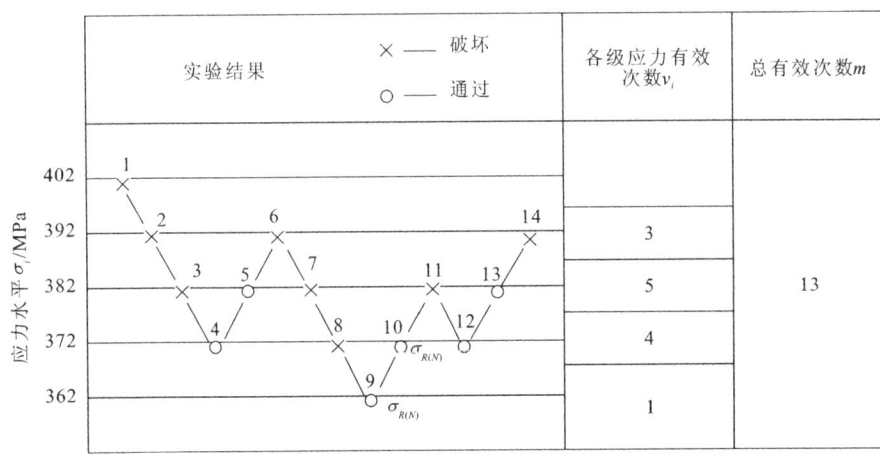

图 2.32 升降法测定疲劳极限实验过程

测定整个 $S\text{-}N$ 曲线采用成组法。至少取五级应力水平，各级取一组试样，其数量分配，因随应力水平降低而数据离散增大，故要随应力水平降低而增多，通常每组 5 根。低应力区的数据通过升降法求得。然后以其为纵坐标，以循环次数 N 的对数为横坐标，用最佳拟合法绘制成 $S\text{-}N$ 曲线。

四、实验步骤

（1）用游标卡尺测量试样的原始尺寸。根据试样形状测试试样的尺寸，表面有加工瑕疵的试样不能使用。

（2）根据试样的形状和尺寸选择合适的夹具。圆试样选择 V 形夹具，板试样选择平夹具，其他形状试样需要配置相应的夹具。

（3）打开实验机和系统控制软件，输入参数。打开测控箱电源，预热 10 min。打开计算机电源，打开系统控制软件，设置实验参数。

（4）按要求装夹试样。装试样前对静态负荷进行调零，安装试样时将静态锁定装置设置为关闭，并在动态停振方式下进行。先装上夹头，再装下夹头。选择静载锁定，自动加载到设定负荷。

（5）开始实验，观察与记录。由高应力到低应力水平，逐级进行实验。记录每个试样断裂的循环周次，同时观察断口位置和特征。

（6）实验结束，取下试样，清理实验现场。将实验机和软件脱机，实验机电源关机顺序与开机操作的顺序相反。

本实验因时间、物力消耗太多、学时有限，在有条件的情况下做演示性实验，了解实验设备、实验原理和测试方法。

五、思考题

（1）疲劳破坏的机理是什么？怎样判断构件发生疲劳破坏？
（2）实验过程中若有明显的振动，对疲劳寿命会产生怎样的影响？
（3）疲劳断口有什么特点？

习　题　2

一、判断题

1. 比例极限是材料能保持线性的最大值，必在材料的弹性范围内。（　　）
2. 弹性极限是材料保持弹性的最大极限值，可以不保持线性。（　　）
3. 低碳钢受拉破坏时有屈服阶段，中碳钢和合金钢都没有屈服阶段。（　　）
4. 下屈服点 R_{eL} 是指屈服阶段中不计初始瞬时效应的最小应力。（　　）
5. 低碳钢压缩实验曲线一直是上扬的，因此极限强度为无穷大。（　　）
6. 铸铁压缩实验时，试样表面和实验机之间的摩擦力与试样受力方向成90°，所以对测试结果没有影响。（　　）
7. 铸铁扭转破坏沿45°螺旋面断裂是切应力先达到极限所致。（　　）
8. 金属材料的冲击吸收能量不仅与温度有关，还与实验机有关。（　　）
9. 正应力对称循环时，只要应力幅不超过疲劳极限，是不会出现疲劳破坏的。（　　）

二、选择题

1. 低碳钢在拉伸实验时，其断口形状是_____；铝在拉伸实验时，其断口形状是_____；铸铁在拉伸实验时，其断口形状是_____。（　　）
   A. 杯锥状，斜截面，平面　　　　B. 杯锥状，平面，杯锥状
   C. 平面，杯锥状，平面　　　　　D. 杯锥状，平面，斜截面
2. 关于低碳钢试样拉伸至屈服时的力学行为，如下结论中正确的是（　　）。
   A. 应力和塑性变形很快增加，因而认为材料失效
   B. 应力和塑性变形虽然很快增加，但不意味着材料失效
   C. 应力有波动，塑性变形很快增加，因而认为材料失效
   D. 应力有波动，塑性变形很快增加，但不意味着材料失效

笔记栏

3. 题图 2.1 所示某材料的 R-e 曲线，当加载到 B 点处卸载，其加载-卸载-再加载的路径为（　　）。

A. O-A-B-D-B　　B. O-A-B-C-B　　C. O-A-B-D-C-B　　D. O-D-B-C-B

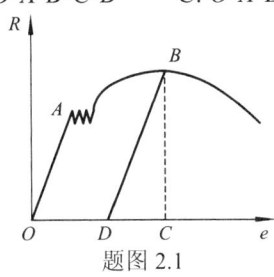

题图 2.1

4. 低碳钢拉伸试样断口不在标距长度 1/3 的中间区段内时，如果不采用移位法，测得的断后伸长率较实际值（　　）。

A. 偏大　　　　　　　　　B. 偏小
C. 不变　　　　　　　　　D. 可能偏大、也可能偏小

5. 用标距 50 mm 和 100 mm 的两种拉伸试样，测得低碳钢的下屈服强度分别为 R_{eL1}、R_{eL2}，断后伸长率分别为 $A_{5.56}$ 和 $A_{11.3}$。比较两试样的结果，则有以下结论，其中正确的是（　　）。

A. $R_{eL1} < R_{eL2}$，$A_{5.56} > A_{11.3}$　　B. $R_{eL1} < R_{eL2}$，$A_{5.56} = A_{11.3}$
C. $R_{eL1} = R_{eL2}$，$A_{5.56} > A_{11.3}$　　D. $R_{eL1} = R_{eL2}$，$A_{5.56} = A_{11.3}$

6. 某材料的 R-e 曲线如题图 2.2 所示，根据该曲线，材料的规定塑性延伸强度 $R_{p0.2}$（或条件屈服应力 $\sigma_{0.2}$）约为（　　）。

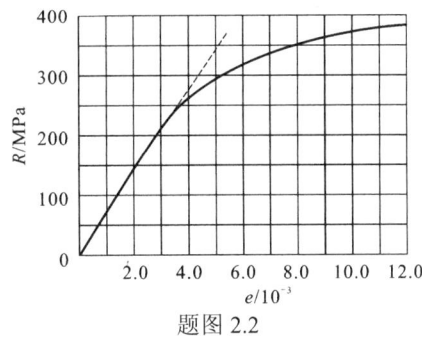

题图 2.2

A. 135 MPa　　B. 235 MPa　　C. 325 MPa　　D. 380 MPa

7. 三根圆棒试样，其面积和长度均相同，进行拉伸实验得到的 R-e 曲线如题图 2.3 所示，其中强度最高、刚度最大、塑性最好的试样分别是（　　）。

A. a,b,c　　B. b,c,a　　C. c,b,a　　D. c,a,b

8. 有关铸铁材料的强度和刚度，如下 4 条论断中不正确的是（　　）。

A. 铸铁的拉伸刚度小于压缩刚度
B. 铸铁的抗压强度大于抗扭强度

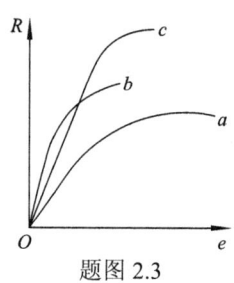

题图 2.3

  C. 铸铁的抗扭强度大于抗拉强度

  D. 铸铁试样扭转实验中断裂，其实是被拉断

 9. 材料的扭转实验中，下列关于试样各点应力状态和主应力说法正确的是（ ）。

  A. 受扭部分处于纯剪切状态，主应力方向为轴线方向和垂直轴线方向

  B. 受扭部分处于纯剪切状态，主应力方向为轴线 ±45° 方向，大小为切应力的 $\sqrt{2}$ 倍

  C. 受扭部分处于纯剪切状态，主应力方向为轴线 ±45° 方向，大小和切应力相等

  D. 杆件各部分均为纯剪切状态，主应力方向为轴线方向和垂直轴线方向，大小和切应力相等

 10. 拉伸实验的 F-ΔL 曲线或 R-e 曲线中，弹性段往往并非和理论分析一样是一条直线，起始段经常出现明显的弧线，这是因为（ ）。

  A. 加载速度不稳定造成的

  B. 试样材质原因造成的

  C. 绘图装置误差或软件采集滞后等因素造成的

  D. 系统误差，如系统刚性不足、系统间隙、试样装夹不牢打滑等因素造成的

三、简答题

1. 简述低碳钢拉伸的冷作硬化现象，其对材料的力学性能有何影响？
2. 低碳钢压缩试样在过屈服阶段后，为什么会形成腰鼓形？
3. 圆轴扭转破坏实验中，在试样表面画一条轴向标记线，铸铁试样破坏时轴向标记线怎样变化，低碳钢试样破坏时轴向标记线怎样变化？请分析原因。

四、计算题

1. 某塑性材料拉伸实验采用的圆截面试样，直径 10 mm，标距 100 mm。在线弹性阶段，10 kN 载荷作用下，测得试样 50 mm（引伸计夹角间距离）

伸长 0.031 8 mm。继续拉伸时测得下屈服力为 22.8 kN，最大力为 34.0 kN，破坏后的标距长 131.25 mm，中间破坏部分的最小直径为 6.46 mm。试求解及回答：

（1）这种材料的弹性模量 E、下屈服强度 R_{eL}、抗拉强度 R_m、断后伸长率 A、断面收缩率 Z。另外该材料是什么方式失效？导致失效的是什么应力？

（2）当载荷达到 22 kN 时产生 0.04 的应变，此时对应的弹性应变和塑性应变各为多少？

2. 如题图 2.4 所示，测量某材料的断后伸长率时，在标距 $L_0 = 100$ mm 的工作段 DA 内每 10 mm 刻一条线，试样受轴向拉伸拉断后，原刻线间距离分别为 10.1、10.3、10.5、11.0、11.8、13.4、15.0、16.7、14.9、13.5，则该材料的断后伸长率为多少？

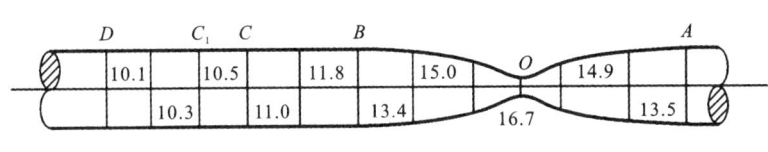

题图 2.4

3. 某材料进行扭转实验，圆截面试样表面抛光，直径 10 mm，在开始阶段，每隔 10 N·m，标距 100 mm 内测得相对扭转角分别为 1.26×10^{-2} °/m、1.28×10^{-2} °/m、1.25×10^{-2} °/m 和 1.24×10^{-2} °/m。发现在 43 N·m 处，试样表面出现轴向线与横向线网格，且扭转图曲线出现平台，继续加载，在 98.4 N·m 处试样断裂。试回答及求解：

（1）该材料扭转失效方式是什么？试样表面网格是如何产生的？最后的断面应该如何？

（2）根据给定实验数据求出剪切模量和强度等力学指标。

第 3 章　电测应力分析实验

从 19 世纪英国工程师汤姆孙在铺设海底电缆时发现材料的应变电阻效应，到 1921 年世界上第一个应变片的诞生，应变片电测技术得到飞速发展。电测法是一种利用应变片电测技术及材料应力应变关系确定构件表面应力的实验应力分析方法。本章主要介绍电测法的基本原理及典型实验，包括应变片灵敏系数标定、纯弯曲梁的正应力测定、材料弹性模量 E 和泊松比 μ 的测定、电测压杆稳定实验、薄壁圆筒在弯扭组合变形下主应力测定、薄壁圆筒在弯扭组合变形下内力素的测定实验。

3.1　电测法基础和应变片粘贴实作

一、实验目的

（1）学习采用应变片测量构件应变的电测法。
（2）初步掌握应变片的粘贴、接线和检查等技术。
（3）分析应变片粘贴质量对悬臂梁应变测试结果的影响。

二、实验设备和工具

（1）悬臂梁。
（2）应变片。
（3）温度补偿块。
（4）静态电阻应变仪。
（5）细砂纸、钢针、镊子、瞬干胶、聚四氟乙烯薄膜、胶带、电烙铁和万用表等。

三、实验原理

（一）应变片的构造和工作原理

应变片一般由敏感栅、引线、基底和覆盖层组成。敏感栅用胶黏剂粘在基底和覆盖层之间，如图 3.1 所示。电阻应变片的种类很多，根据敏感栅材料可分为金属应变片（图 3.2）和半导体应变片等，根据工艺可分为丝式应

变片、箔式应变片和薄膜应变片。

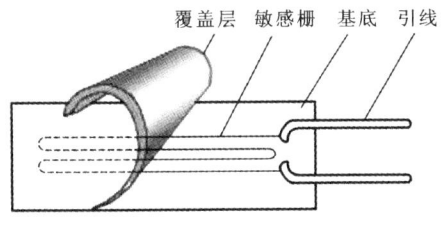

图 3.1 应变片

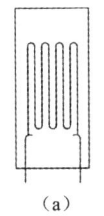 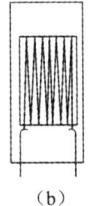 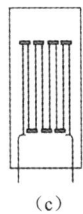

图 3.2 金属应变片

应变片的电阻变化率 $\dfrac{\Delta R}{R}$ 与试件表面测点处沿应变片敏感栅纵线方向的应变 ε 成正比，即

$$\frac{\Delta R}{R} = K\varepsilon \tag{3.1}$$

式中：K 为应变片的灵敏系数。

（二）测量电桥

使用应变片测量应变时，必须采用适当的办法检测应变片阻值的微小变化。测量电桥的作用就是将应变片的阻值变化转化为电压（或电流）信号。这种电信号是很微弱的，需用电子放大器放大，然后再由指示仪表或记录器显示、记录，通常采用电阻应变仪来测量。

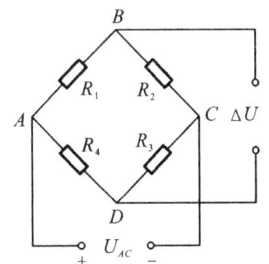

图 3.3 测量电桥

测量电桥如图 3.3 所示，设各桥臂电阻分别为 R_1, R_2, R_3, R_4，其中的任一个桥臂电阻都可以是应变片电阻。电桥的 A、C 为输入端，接直流电源，输入电压为 U；B、D 为输出端，输出电压为

$$\Delta U = U_{AB} - U_{AD} = \frac{R_1 U_{AC}}{R_1 + R_2} - \frac{R_4 U_{AC}}{R_3 + R_4} = \frac{R_1 R_3 - R_2 R_4}{(R_1 + R_2)(R_3 + R_4)} U \tag{3.2}$$

当 $R_1 R_3 = R_2 R_4$ 时，输出电压 ΔU 为零，称此时电桥平衡。

对处于初始平衡状态的电桥，当各桥臂电阻的增量分别为 $\Delta R_1, \Delta R_2, \Delta R_3, \Delta R_4$ 时，由式（3.2）可得电桥的输出电压为

$$\Delta U = \frac{(R_1 + \Delta R_1)(R_3 + \Delta R_3) - (R_2 + \Delta R_2)(R_4 + \Delta R_4)}{(R_1 + \Delta R_1 + R_2 + \Delta R_2)(R_3 + \Delta R_3 + R_4 + \Delta R_4)} U \tag{3.3}$$

将 $R_1 R_3 = R_2 R_4$ 代入式（3.3），并由 $\Delta R_i \ll R_i$ 略去高阶微量，可得

$$\Delta U = \frac{1}{4}\left(\frac{\Delta R_1}{R_1} - \frac{\Delta R_2}{R_2} + \frac{\Delta R_3}{R_3} - \frac{\Delta R_4}{R_4}\right) U \tag{3.4}$$

式（3.3）和式（3.4）分别为电桥输出电压的精确公式和近似公式。

（1）全桥接线法。

粘贴在被测试件上的应变片称为工作应变片，简称为工作片。将4个相同规格的工作片接入测量电桥的4个桥臂，称为全桥接线法。由式（3.1）和式（3.4）可得全桥的输出电压为

$$\Delta U = \frac{KU}{4}(\varepsilon_1 - \varepsilon_2 + \varepsilon_3 - \varepsilon_4) \quad (3.5)$$

式中：$\varepsilon_1, \varepsilon_2, \varepsilon_3, \varepsilon_4$ 分别为桥臂 AB、BC、CD 和 AD 对应的应变。

式（3.5）表明，电桥的输出电压与各桥臂对应应变的代数和成正比。因此，将测量电桥的输出电压 ΔU 进行转换后，可在电阻应变仪上直接显示出被测点的应变。设电阻应变仪的读数应变为 ε_d，则有

$$\varepsilon_d = \frac{4\Delta U}{KU} = \varepsilon_1 - \varepsilon_2 + \varepsilon_3 - \varepsilon_4 \quad (3.6)$$

由式（3.6）可知，电阻应变仪的读数应变为测量电桥各桥臂对应应变的代数和，相邻桥臂对应应变的符号相异，相对桥臂对应应变的符号相同。

环境温度改变引起的工作片电阻变化与被测试件承载引起的工作片电阻变化通常在同一数量级上，使测得的应变值包含环境温度改变引起的虚假应变（一般用 ε_t 表示）。如果全桥的 4 个工作片处于同一温度场中，则各桥臂对应应变包含的虚假应变相同，由式（3.6）可知它们正好相互抵消，电阻应变仪的读数应变 ε_d 不受环境温度改变的影响。

如果环境温度改变引起的虚假应变不能相互抵消，就会给测量结果带来很大的系统误差，必须设法消除。在应变测量中消除温度影响的措施，称为温度补偿。取一相同规格的应变片作为温度补偿片（简称为补偿片），将它贴在一块与试件材料相同但不受力的试件（简称为补偿块）上，并将补偿块放在被测试件附近，处于同一温度场。连接电桥时，将工作片 R_1 和 R_3 接入两个相对的桥臂 AB 和 CD，而将补偿片 R_2 和 R_4 接入另两个相对的桥臂 BC 和 AD，组成对臂测量电桥。试件承载后，桥臂 AB、BC、CD 和 AD 对应的应变分别为 $\varepsilon_1+\varepsilon_t, \varepsilon_t, \varepsilon_3+\varepsilon_t, \varepsilon_t$，由式（3.6）可知电阻应变仪的读数应变为

$$\varepsilon_d = \varepsilon_1 + \varepsilon_3 \quad (3.7)$$

式（3.7）表明，合理利用补偿片可消除环境温度改变对电阻应变仪的读数应变 ε_d 的影响。

（2）半桥接线法。

如果在测量电桥的桥臂 AB 和 BC 接入 2 个相同规格的工作片 R_1 和 R_2，而在桥臂 AD 和 CD 接入两个阻值相等的常电阻，称为半桥接线法。试件承载后，桥臂 AB、BC、CD 和 AD 对应的应变分别为 $\varepsilon_1+\varepsilon_t, \varepsilon_2+\varepsilon_t, 0, 0$，由式（3.6）可知电阻应变仪的读数应变为

$$\varepsilon_d = \varepsilon_1 - \varepsilon_2 \quad (3.8)$$

（3）四分之一桥接线法。

如果在测量电桥的桥臂 AB 和 BC 分别接入工作片 R_1 和补偿片 R_2，而在桥臂 AD 和 CD 接入两个阻值相等的常电阻，称为四分之一桥接线法。试件承载后，桥臂 AB、BC、CD 和 AD 对应的应变分别为 $\varepsilon_1+\varepsilon_t$，$\varepsilon_t$，0，0，由式（3.6）可知电阻应变仪的读数应变为

$$\varepsilon_d = \varepsilon_1 \tag{3.9}$$

（三）桥路布置

根据测量电桥工作原理，采用不同的桥路布置方法，可达到各种不同的测量目的。表 3.1 给出了常见变形条件下杆件应变测量桥路布置方法。

表 3.1 常见变形条件下杆件应变测量桥路布置方法

变形形式	需测应变	应变片的粘贴位置	电桥连接方法	测量应变与仪器读数应变 ε_d 的关系	备注
拉(压)	拉(压)	（R_1，受力 F）	R_1-A，B，R_2-C	$\varepsilon = \varepsilon_d$	R_1 为工作片，R_2 为补偿片
拉(压)	拉(压)	（R_1 纵向，R_2 横向）	R_1-A，R_2-B，C	$\varepsilon = \dfrac{\varepsilon_d}{1+\mu}$	R_1 为纵向工作片，R_2 为横向工作片，μ 为测量泊松比
弯曲	弯曲	（R_2 上，R_1 下）	R_1-A，B，R_2-C	$\varepsilon = \dfrac{\varepsilon_d}{2}$	R_1 和 R_2 均为工作片
弯曲	弯曲	（R_1 纵向，R_2 横向）	R_1-A，B，R_2-C	$\varepsilon = \dfrac{\varepsilon_d}{1+\mu}$	R_1 为纵向工作片，R_2 为横向工作片
扭转	扭转主应变	（R_2，R_1 成 45°）	R_1-A，B，R_2-C	$\varepsilon = \dfrac{\varepsilon_d}{2}$，$\gamma = \varepsilon_d$	R_1 和 R_2 均为工作片

续表

变形形式	需测应变	应变片的粘贴位置	电桥连接方法	测量应变与仪器读数应变 ε_d 的关系	备注
拉(压)弯组合	拉(压)	(见图)	(见图)	$\varepsilon = \varepsilon_d$	R_1 和 R_2 均为工作片，R 为补偿片
				$\varepsilon = \dfrac{\varepsilon_d}{2}$	
	弯曲	(见图)	(见图)	$\varepsilon = \dfrac{\varepsilon_d}{2}$	R_1 和 R_2 均为工作片
拉(压)扭组合	拉(压)	(见图)	(见图)	$\varepsilon = \dfrac{\varepsilon_d}{1+\mu}$	R_1、R_2 为纵向工作片，R_3、R_4 为横向工作片
				$\varepsilon = \dfrac{\varepsilon_d}{2(1+\mu)}$	
弯扭组合	扭转主应变	(见图)	(见图)	$\varepsilon = \dfrac{\varepsilon_d}{2}$ $\gamma = \varepsilon_d$	R_1 和 R_2 均为工作片
	弯曲	(见图)	(见图)	$\varepsilon = \dfrac{\varepsilon_d}{2}$	R_1 和 R_2 均为工作片
	扭转主应变	(见图)	(见图)	$\varepsilon = \dfrac{\varepsilon_d}{4}$ $\gamma = \dfrac{\varepsilon_d}{2}$	R_1、R_2、R_3、R_4 均为工作片

笔记栏

由表 3.1 可见，选用合适的桥路布置方法，不但可以提高测量灵敏度，还可以将不同性质的应变（或内力）分离开来。因此，在实际测量中，必须根据实验目的，分析构件中的应力应变分布，合理选择贴片位置、方位和数量，合理地把应变片接入测量电桥，以便测量所需要的应变，并消除误差源的影响，以尽可能高的灵敏度测出被测应变。将需要的应变测出后，根据轴力、弯矩及扭矩与主应力及切应力的关系，即可求出相应的内力值。

四、应变片粘贴实作

粘贴质量直接影响应变片的工作特性，只有粘贴层均匀、结实，才能保证敏感栅如实地显示构件的变形。以图 3.4 所示 $b \times h$ 矩形截面悬臂梁距自由端 L 处截面的上下表面两测点的弯曲应变测量为例进行说明。

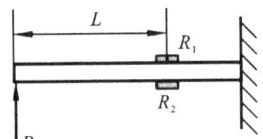 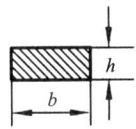

图 3.4　悬臂梁受力简图及应变片粘贴方位

当悬臂梁的自由端受集中力 P 作用时，两测点的弯曲应变大小相等、符号相反，即 $\varepsilon_1 = -\varepsilon_2 = \varepsilon_{\max}$。最大弯曲应变 $\varepsilon_{\max}$ 的理论值为

$$\varepsilon_{\max 理} = \frac{6PL}{Ebh^2}$$

式中：b、h 分别为梁的宽度和厚度。

在两测点分别粘贴纵向工作片 A_1、A_2，并和两个常电阻 R_3、R_4 一起接入如图 3.5 所示测量电桥。当悬臂梁的自由端受集中力 P 作用时，电阻应变仪的读数应变为 $\varepsilon_d = \varepsilon_1 - \varepsilon_2 = 2\varepsilon_{\max}$，最大弯曲应变 $\varepsilon_{\max}$ 的实验值为

$$\varepsilon_{\max 实} = \frac{\varepsilon_d}{2}$$

测出最大弯曲应变 $\varepsilon_{\max}$ 的实验值，并与理论值进行比较，即可分析应变片粘贴质量对悬臂梁应变测试结果的影响。

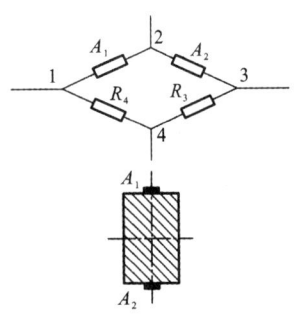

图 3.5　悬臂梁弯曲应变测量电桥（半桥）

实验步骤如下。

（1）检查、分选应变片。首先对应变片进行外观检查和阻值测量。检查应变片的敏感栅有无锈斑，基底和覆盖层有无破损，引线是否牢固等。

（2）表面清理。首先将试件表面粘贴应变片处的漆层、油污、锈斑等清除干净，然后用砂布打出光泽。对过于光滑的加工表面，用砂布打出与应变片轴线成 45° 的交叉纹路，以增加黏结力，再用酒精（或丙酮）浸过的

脱脂棉擦洗，并用画针画出贴片定位线，最后再用棉球擦洗，直至棉球上看不见污迹。

（3）粘贴应变片。粘贴方法视胶黏剂和应变片基底种类而异。一般先在应变片底面和粘贴表面上各涂一层薄而匀的胶，用镊子将应变片放上并调好位置，然后盖上氟塑料薄膜，用手指滚压，挤出多余的胶，并排除气泡，使应变片与构件完全贴合。适当时间后，由应变片无引出线的一端开始向引出线端揭掉薄膜。

（4）黏结层的固化。对于使用常用的 501 型、502 型胶粘贴应变片，常温下数小时后即可充分固化。对于需要加温固化的胶黏剂，则应严格按规程进行。一般采用红外线灯烘烤，但加温速度不宜太快，以免产生气泡。

（5）粘贴质量检查。除对应变片的外观进行检查外，还应检查应变片是否粘贴良好，位置是否正确，有无断路或短路，绝缘电阻是否符合要求等。

（6）连接线的焊接与固定。为与测量仪器相接，应变片的引出线需与连接线焊接。在常温静载测量时，连接线一般采用多股铜导线，如可用 $\phi 0.12 \text{ mm} \times 7$ 或 $\phi 0.18 \text{ mm} \times 12$ 的导线。为防止因扯动连接线而将应变片拉坏，应将连接线采用捆扎、黏合等方法固定。并且建议在连接线与应变片引出线之间使用接线端子。接线端子黏结在应变片旁，分别与引出线和连接线焊接。其连接示意图如图 3.6 所示。

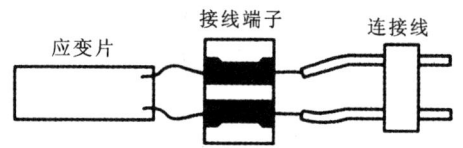

图 3.6　接线端子连接示意图

（7）应变片的防护。应变片的防护主要是采取防潮和防油措施。胶层和基底会吸收水分，这样会影响绝缘程度，降低应变片的应变传递效率。机油浸入应变片，虽不影响绝缘，但会改变基底和胶层的物理性能，并降低黏结力。对于常温应变片，常采用硅橡胶密封剂防护，即用硅橡胶直接涂在经一般清洁处理的应变片周围，在室温下经 12～24 h 即可黏结固化，它是一种很好的防潮剂。环氧树脂胶黏剂也是一种性能好、并兼有防油作用的防护剂。

（8）电桥连接。测量悬臂梁有关尺寸等参数，将悬臂梁上两测点的应变片按图 3.5 所示半桥接线法接到电阻应变仪测试通道上，调试测试系统，使其处于正常工作状态。

（9）实验加载。选取适当的初载荷 P_0，估算最大载荷 P_{max}（该实验载荷范围 $P_{max} \leqslant 50 \text{ N}$），一般分 4～6 级加载。先均匀慢速加载至初载荷 P_0，记下应变仪的初读数。然后逐级加载，每增加一级载荷，依次记录应变仪的 ε_i，直至终载荷。实验至少重复三次。

（10）做完实验后，卸掉载荷，关闭电源，整理仪器设备，清理实验现场。

五、实验结果整理

（1）将原始数据和测量数据分别填入表 3.2 和表 3.3 中。

表 3.2　试件原始数据

梁的尺寸和有关参数	
梁的宽度	$b =$ 　　mm
梁的厚度	$h =$ 　　mm
载荷作用点到测试点距离	$L =$ 　　mm
弹性模量	$E = 210\,\text{GPa}$
泊松比	$\mu = 0.26$

表 3.3　实验记录数据

载荷/N	P	10	20	30	40	50
	ΔP		10	10	10	10
读数应变/10^{-6}	ε_d					
	$\Delta\varepsilon_d$					
	平均值 $\Delta\bar{\varepsilon}_d$					

（2）理论值计算。

$$\varepsilon_{\max\text{理}} = \frac{6PL}{Ebh^2}$$

（3）实验值计算。

$$\varepsilon_{\max\text{实}} = \frac{\Delta\bar{\varepsilon}_d}{2}$$

（4）理论值与实验值比较。

$$e = \frac{\varepsilon_{\max\text{实}} - \varepsilon_{\max\text{理}}}{\varepsilon_{\max\text{理}}} \times 100\%$$

六、思考题

（1）在应变测量中消除温度影响采用的温度补偿片和温度补偿块的要求是什么？

（2）你贴的应变片接入应变仪后，是否出现电桥无法平衡、读数产生漂移等现象？原因可能是什么？

3.2 应变片灵敏系数标定

一、实验目的

掌握应变片灵敏系数 K 值的标定方法。

二、实验设备

(1) 材料力学多功能实验台中纯弯曲梁实验装置与部件,如图 3.7 所示。

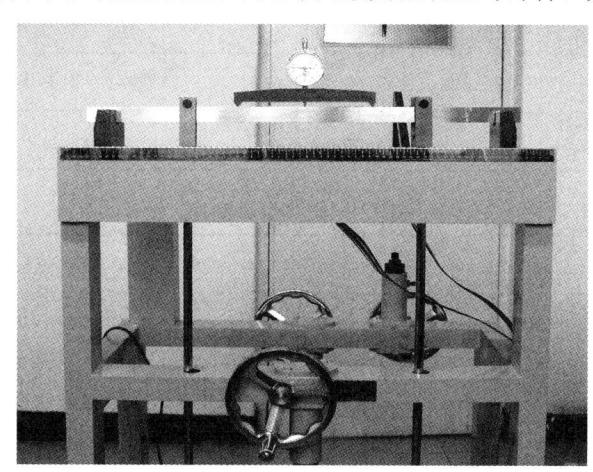

图 3.7 应变片灵敏系数 K 值标定装置

(2) 静态电阻应变仪。
(3) 游标卡尺、钢板尺、千分表三点挠度仪。

三、实验原理

在标定应变片灵敏系数 K 时,一般采用一单向应力状态的试件,通常采用纯弯曲梁或等强度梁。通过测量应变片的 $\Delta R/R$ 和试件的应变 ε,由式(3.1)即可得到应变片的灵敏系数 K。实验采用矩形截面弯曲梁实验装置,如图 3.8(a)所示。

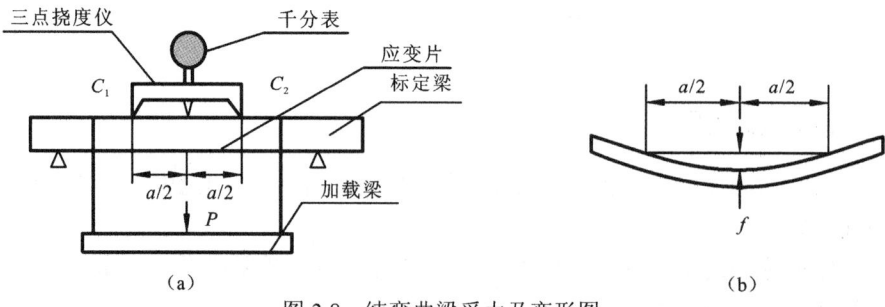

图 3.8 纯弯曲梁受力及变形图

在梁纯弯曲段上、下表面沿梁轴线方向粘贴 4 片应变片，在 C_1C_2 段中间安装一个三点挠度仪。当梁弯曲时，由挠度仪上的千分表可读出测量挠度（即梁在三点挠度仪长度 a 范围内的挠度），如图 3.8（b）所示。根据材料力学公式和几何关系，可求出纯弯曲梁上下表面的轴向应变为

$$\varepsilon = \frac{hf}{(a/2)^2 + f^2 + hf} \quad (3.10)$$

式中：h 为标定梁高度；a 为三点挠度仪长度；f 为挠度。

应变片的电阻相对变化 $\Delta R/R$ 可用高精度电阻应变仪测定。设电阻应变仪的灵敏系数为 K_0，读数为 ε_d，则

$$\Delta R/R = K_0 \varepsilon_d \quad (3.11)$$

由式（3.1）、式（3.10）、式（3.11）可得应变片灵敏系数为

$$K = \frac{\Delta R/R}{\varepsilon} = \frac{K_0 \varepsilon_d}{hf}\left(\frac{a^2}{4} + f^2 + hf\right) \quad (3.12)$$

在标定应变片灵敏系数时，一般把应变仪的灵敏系数调至 $K_0 = 2.00$，采用分级加载方式，测量在不同载荷下应变片的读数应变 ε_d 和梁在三点挠度仪长度 a 范围内的挠度 f。

四、实验步骤

（1）设计好本实验所需的各类数据表格。

（2）测量弯曲梁的有关尺寸和三点挠度仪长度 a。

（3）拟订加载方案。选取适当的初载荷 P_0（一般取 $P_0 = 10\% P_{max}$ 左右），确定三点挠度仪上千分表的初读数，估算最大载荷 P_{max}（该实验载荷范围 $P_{max} \leqslant 1500 \text{ N}$），确定三点挠度仪上千分表的读数增量，一般分 4~6 级加载。

（4）实验采用多点测量中半桥单臂公共补偿接线法。将弯曲梁上各点应变片按序号接到电阻应变仪测试通道上，温度补偿片接电阻应变仪公共补偿端，调节好电阻应变仪灵敏系数，使 $K_0 = 2.00$。

（5）按实验要求接线，调整实验仪器，检查测试系统是否处于正常工作状态。

（6）实验加载。均匀慢速加载至初载荷 P_0。记下各点应变片和三点挠度仪的初读数，然后逐级加载，每增加一级载荷，依次记录各点应变仪的 ε_i 及三点挠度仪的 f_i，直至终载荷。实验至少重复三次。

（7）做完实验后，卸掉载荷，关闭电源，整理仪器设备，清理实验现场。

五、实验结果整理

（1）将试件原始数据和测量数据填入表 3.4 和表 3.5 中。

表 3.4 试件原始数据

试件数据及有关参数	
标定梁高度	$h =$ mm
标定梁宽度	$b =$ mm
三点挠度仪长度	$a =$ mm
电阻应变仪灵敏系数（设置值）	$K_0 = 2.00$
弹性模量	$E = 210\,\text{GPa}$
泊松比	$\mu = 0.26$

表 3.5 实验记录数据

载荷/N		P	200	400	600	800	1 000	1 200
		ΔP	200	200	200	200	200	
读数应变 /10^{-6}	R_1	ε_{d1}						
		$\Delta\varepsilon_{d1}$						
		平均值 $\Delta\bar{\varepsilon}_{d1}$						
	R_2	ε_{d2}						
		$\Delta\varepsilon_{d2}$						
		平均值 $\Delta\bar{\varepsilon}_{d2}$						
	R_3	ε_{d3}						
		$\Delta\varepsilon_{d3}$						
		平均值 $\Delta\bar{\varepsilon}_{d3}$						
	R_4	ε_{d4}						
		$\Delta\varepsilon_{d4}$						
		平均值 $\Delta\bar{\varepsilon}_{d4}$						
挠度值		f						
		Δf						
		平均值 $\Delta\bar{f}$						

（2）取各测点读数应变增量 $\Delta\varepsilon_{di}$ 的平均值 $\Delta\bar{\varepsilon}_{di}$，计算每个应变片的灵敏系数 K_i。

$$K_i = \frac{K_0 \Delta\bar{\varepsilon}_{di}}{h \Delta\bar{f}}\left(\frac{a^2}{4} + f^2 + hf\right) \quad (i = 1, 2, 3, 4)$$

（3）计算应变片的平均灵敏系数 K。

$$K = \frac{\sum K_i}{n} \quad (i = 1, 2, \cdots, n)$$

（4）计算应变片灵敏系数的标准差。

$$S = \sqrt{\frac{1}{n-1}\sum(K_i - K)^2} \quad (i = 1, 2, \cdots, n)$$

六、思考题

（1）采用串联或并联测量方法能否提高测量灵敏度？
（2）在本实验中可以采用等强度梁测量吗？

3.3 纯弯曲梁的正应力测定

扫码观看

一、实验目的

（1）测定梁在纯弯曲时横截面上正应力大小和分布规律。
（2）验证纯弯曲梁横截面上正应力公式。
（3）学习电测法的基本原理和静态电阻应变仪的操作方法。

二、实验设备

（1）材料力学多功能实验台上的纯弯曲梁实验装置。实验采用矩形截面梁，测试装置如图3.9所示。

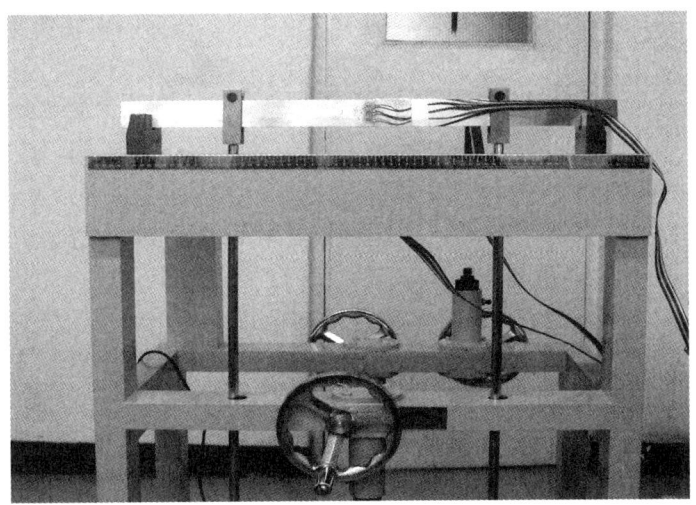

图3.9 纯弯曲梁实验装置

（2）静态电阻应变仪。
（3）游标卡尺、钢直尺。

三、实验原理

如图 3.10 所示，在矩形截面梁的中间段沿梁侧面不同高度，平行于轴线等距贴有 5 个应变片。在平面弯曲条件下，该梁中间段发生纯弯曲变形，如图 3.11 所示。A-A 横截面上的应力沿高度呈线性分布，正应力大小为

$$\sigma = \frac{My}{I_z}$$

式中：$M = \frac{1}{2}Pa$ 为截面上的弯矩；I_z 为截面的惯性矩；y 为被测点至中性轴的距离。距中性轴最远点（1#和 5#测点）的应力最大，其值为 $\sigma_{\max} = \frac{M}{W_z}$，其中 $W_z = \frac{1}{6}bh^2$ 为梁的抗弯截面系数。

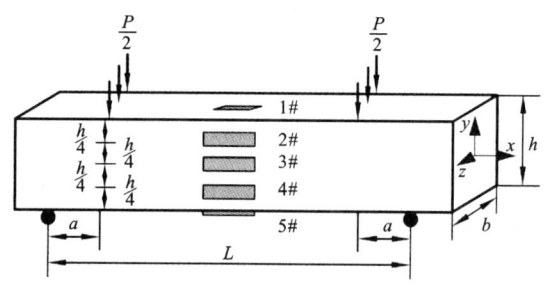

图 3.10 试样贴片位置

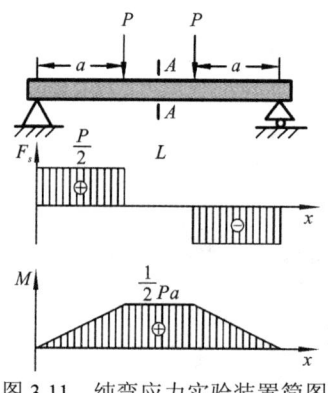

图 3.11 纯弯应力实验装置简图

本实验通过沿 A-A 截面高度方向等距布置的一组应变片（见图 3.10），对被测点的正应力进行测量。由于实验装置和安装初始状态的不稳定性，为减小实验误差，采用等增量法分别测量相同载荷增量 ΔP 作用下产生的应变增量 $\Delta \varepsilon$，并求出其平均值。根据单向应力状态下 $\Delta \sigma = E \cdot \Delta \varepsilon$，由应变 $\Delta \varepsilon$ 的测量结果，可计算各点的应力 $\Delta \sigma$。并与理论值进行比较，验证测定载荷 ΔP 作用下梁横截面上的正应力沿高度的分布规律。

四、实验步骤

（1）测量梁截面的宽度 b 和高度 h，载荷作用点到梁支点的距离 a，并测量各应变片到中性层的距离 y。

（2）接通电源，开启静态电阻应变仪，进行量程校定及零点调整。调整灵敏系数，预热 5 min。

（3）拟订加载方案。先选取适当的初载荷 P_0（一般取 $P_0 = 500$ N），估算 $P_{\max}$（该实验可加载最大载荷 4 000 N），分 4~6 级加载。

(4) 加载。均匀缓慢加载至初载荷 P_0，记下各测点应变的初始读数；然后分级等增量 ΔP 加载，每增加一级载荷，记录各测点的读数应变 ε_{di}，直到最终载荷。实验至少重复两次。

(5) 完成实验后，卸掉载荷，关闭电源，整理好所用仪器设备，清理实验现场，将所用仪器设备复原。

五、实验结果整理

(1) 将原始数据和测量数据分别进行整理，并填入表 3.6 和表 3.7 中。

表 3.6　梁的原始数据

材料	弹性模量 E /MPa	截面宽度 b /mm	截面高度 h /mm	梁的跨距 l /mm	截面位置 $l/2$ /mm	加力点位置 a /mm

表 3.7　实验记录数据（指定截面各点的应力、应变测量数据）

载荷/N		P	500	1 000	1 500	2 000	2 500	3 000
		ΔP		500	500	500	500	500
读数应变 /10^{-6}	1	ε_{d1}						
		$\Delta\varepsilon_{d1}$						
		平均值 $\Delta\bar{\varepsilon}_{d1}$						
	2	ε_{d2}						
		$\Delta\varepsilon_{d2}$						
		平均值 $\Delta\bar{\varepsilon}_{d2}$						
	3	ε_{d3}						
		$\Delta\varepsilon_{d3}$						
		平均值 $\Delta\bar{\varepsilon}_{d3}$						
	4	ε_{d4}						
		$\Delta\varepsilon_{d4}$						
		平均值 $\Delta\bar{\varepsilon}_{d4}$						
	5	ε_{d5}						
		$\Delta\varepsilon_{d5}$						
		平均值 $\Delta\bar{\varepsilon}_{d5}$						

（2）实验值计算。取各测点读数应变增量 $\Delta\varepsilon_{di}$ 的平均值 $\Delta\bar{\varepsilon}_{di}$，计算各测点的应力实验值，即

$$\sigma_{实i} = E\Delta\bar{\varepsilon}_{di} \times 10^{-6}$$

（3）理论值计算。若载荷增量为 $\Delta P = 500\,\text{N}$，则弯矩增量为

$$\Delta M = \Delta P \cdot a/2 = 31.25\,\text{N}\cdot\text{m}$$

各测点应力理论值为

$$\sigma_{理} = \frac{\Delta M \cdot y_i}{I_z}$$

（4）绘出应力实验值和理论值的分布图。分别以横坐标轴表示各测点的应力 $\sigma_{理i}$ 和 $\sigma_{实i}$，以纵坐标轴表示各测点距梁中性层位置 y_i，选用合适的比例绘出应力分布图。

（5）计算 $\sigma_{实i}$ 与 $\sigma_{理i}$ 的误差 η_i，并填入表 3.8 中。

$$\eta_i = \frac{\sigma_{实i} - \sigma_{理i}}{\sigma_{理i}} \times 100\%$$

表 3.8　应力增量理论值与实验值的比较

应变片号	1#	2#	3#	4#	5#
实验值 $\sigma_{实}$/MPa					
理论值 $\sigma_{理}$/MPa					
误差 η_i/%					

（6）完成实验报告。

六、思考题

（1）实验为何采用"等增量法"加载？为何取各测点应变的算术平均值作为实验值？

（2）应变片是布置在梁的表面上，为什么把测得的表面上的应变看作是梁横截面上的应变？

（3）上（或下）表面两枚符号相同的应变片组成半桥测量，会得到什么结果？为什么？

（4）上（或下）表面两枚符号相反的应变片组成对臂电桥测量，会得到什么结果？为什么？

（5）载荷 P 如果与中性轴不垂直，对测量结果将产生什么影响？如何利用组桥的办法来消除这种影响？

3.4　材料弹性模量和泊松比的测定

一、实验目的

（1）测定低碳钢材料的弹性模量 E 和泊松比 μ。
（2）验证单向胡克定律。
（3）进一步了解电测法的基本原理和静态电阻应变仪的使用。

二、实验设备

（1）材料力学多功能实验台中拉伸装置，如图 3.12 所示。

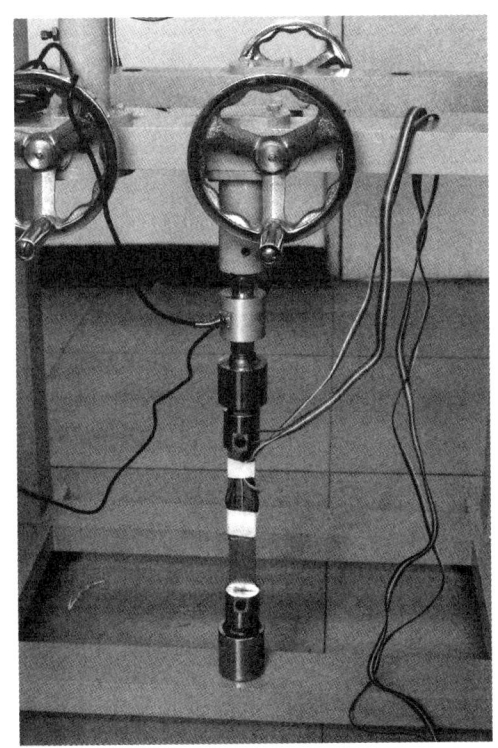

图 3.12　拉伸实验装置

（2）静态电阻应变仪。
（3）钢尺。

三、实验原理

试件采用矩形截面试件，应变片布片方式如图 3.13 所示。在试件中央截面上，沿前后两面的轴线方向分别对称地贴一对轴向应变片 R_1、R_1' 和一对横向应变片 R_2、R_2'，以测量轴向应变 ε 和横向应变 ε'。

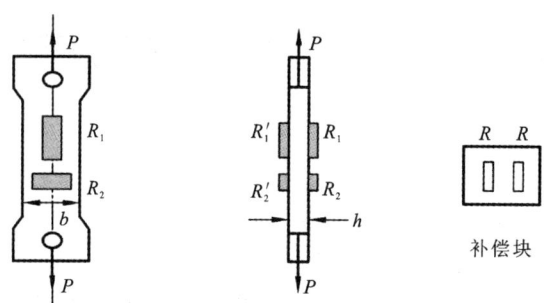

图 3.13 拉伸试件及布片图

1. 弹性模量 E 的测定

由于实验装置和安装初始状态的不稳定性，拉伸曲线的初始阶段往往是非线性的。为尽可能减小测量误差，实验从初载荷 $P_0(P_0 \neq 0)$ 开始，采用增量法，分级加载，分别测量在各相同载荷增量 ΔP 作用下，产生的应变增量 $\Delta \varepsilon$，并求出 $\Delta \varepsilon$ 的平均值。设试件初始横截面面积为 A_0，又因 $\varepsilon = \Delta l / l$，则有

$$E = \frac{\Delta \sigma}{\Delta \varepsilon} = \frac{\Delta P}{\Delta \varepsilon A_0}$$

上式即为增量法测 E 的计算公式。式中：A_0 为试件截面面积；$\Delta \varepsilon$ 为轴向应变增量的平均值。

用上述板试件测 E 时，合理地选择桥路布置方式可有效地提高测试灵敏度和实验效率。下面讨论几种常见的桥路布置方式。

（1）四分之一桥，如图 3.14（a）所示。实验时，在一定载荷条件下，分别对前、后两枚轴向应变片进行单片测量，并取其平均值 $\bar{\varepsilon}$。显然，$\bar{\varepsilon}$ 就是试件的应变，而且消除了偏心弯曲引起的测量误差。

（2）轴向应变片串联后的四分之一桥，如图 3.14（b）所示。为消除偏心弯曲引起的影响，可将前后两轴向应变片串联后接在同一桥臂 AB 上，而邻臂 BC 接相同阻值的补偿片。受拉时两枚轴向应变片的电阻变化分别为 $\Delta R_1 + \Delta R_M$ 和 $\Delta R_1' - \Delta R_M$。ΔR_M 为偏心弯曲引起的电阻变化，拉、压两侧大小相等方向相反。根据测量电桥工作原理，AB 桥臂有

$$\Delta R / R = (\Delta R_1 + \Delta R_M + \Delta R_1' - \Delta R_M) / (R_1 + R_1') = \Delta R_1 / R_1$$

因此轴向应变片串联后，偏心弯曲的影响自动消除，而应变仪的读数就等于试件的应变，即 $\varepsilon_d = \varepsilon$，很显然这种测量方法没有提高测量灵敏度。

（3）串联后的半桥，如图 3.14（c）所示。将两轴向应变片串联后接 AB 桥臂；两横向应变片串联后接 BC 桥臂，偏心弯曲的影响可自动消除，而温度影响也可自动补偿。由于 $\varepsilon_1 = \varepsilon$，$\varepsilon_2 = -\mu\varepsilon$，$\varepsilon_3 = \varepsilon_4 = 0$，根据测量电桥工作原理，电阻应变仪的读数应为 $\varepsilon_d = (1+\mu)\varepsilon$。如果材料的泊松比 μ 已知，这种测量方法使测量灵敏度提高至 $(1+\mu)$ 倍。

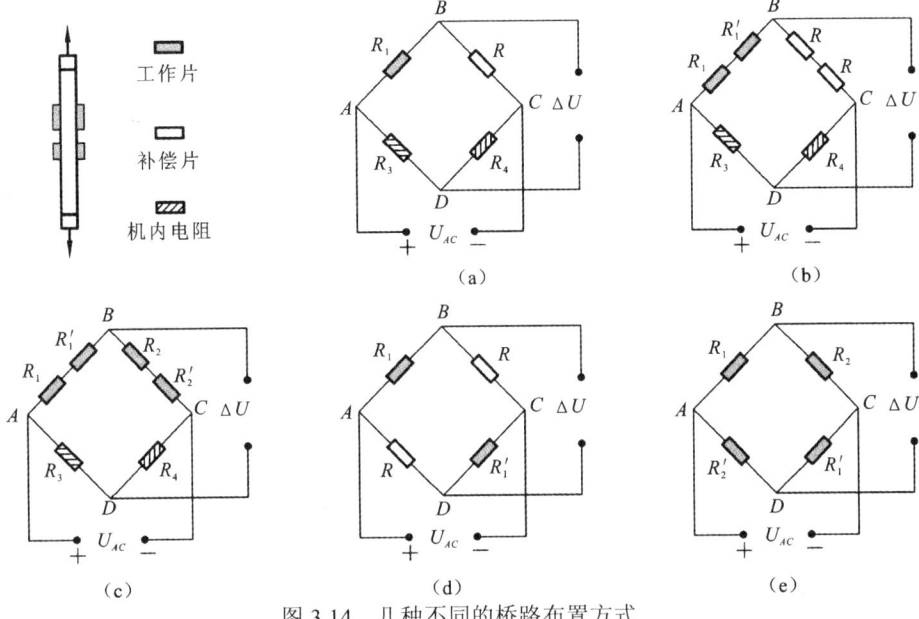

图 3.14 几种不同的桥路布置方式

（4）对臂测量电桥，如图 3.14（d）所示。将两轴向应变片分别接在电桥的对臂 AB 和 CD，两温度补偿片接在对臂 BC 和 DA，偏心弯曲的影响可自动消除。根据测量电桥工作原理有 $\varepsilon_d = 2\varepsilon$，测量灵敏度提高至 2 倍。

（5）全桥，如图 3.14（e）所示。这种测量方法不仅消除偏心和温度的影响，而且使测量灵敏度提高至 $2(1+\mu)$ 倍，即 $\varepsilon_d = 2(1+\mu)\varepsilon$。

2．泊松比 μ 的测定

利用试件上的横向应变片和纵向应变片合理组桥，为尽可能减小测量误差，实验宜从一初载荷 $P_0(P_0 \neq 0)$ 开始，采用增量法，分级加载，分别测量在各相同载荷增量 ΔP 作用下，横向应变增量 $\Delta\varepsilon'$ 和纵向应变增量 $\Delta\varepsilon$。求出平均值，按定义 $\mu = \left|\dfrac{\overline{\Delta\varepsilon'}}{\Delta\varepsilon}\right|$ 便可求得泊松比 μ。

四、实验步骤

（1）测量试件尺寸。在试件标距范围内，测量试件三个横截面尺寸，取三处横截面面积的平均值作为试件的横截面面积 A_0。

（2）拟订加载方案。先选取适当的初载荷 P_0（一般取 $P_0 = 10\% P_{max}$ 左右），估算 P_{max}（该实验载荷范围 $P_{max} \leqslant 5\,000\,\text{N}$），分 4～6 级加载。

（3）根据加载方案，调整好实验加载装置。

（4）按实验要求接好线（为提高测试精度建议采用图 3.14（d）所示相

笔记栏

对桥臂测量方法），调整好仪器，检查整个测试系统是否处于正常工作状态。

（5）加载。均匀缓慢加载至初载荷 P_0，记下各测点的初始读数应变；然后分级等增量加载，每增加一级载荷，依次记录各测点应变片的读数应变，直到最终载荷。实验至少重复两次。半桥单臂测量数据表格，其他组桥方式实验表格可根据实际情况自行设计。

（6）完成实验后，卸掉载荷，关闭电源，整理仪器设备，清理实验现场。

五、实验结果整理

（1）将试件的原始数据和测量数据分别进行整理，并填入表 3.9 和表 3.10 中。

表 3.9　试件原始数据

试件	厚度 h /mm	宽度 b /mm	横截面面积 $A_0 = bh$ /mm²
截面 I			
截面 II			
截面 III			
平均			
		弹性模量 E = 210 GPa	
		泊松比 μ = 0.26	

表 3.10　实验记录数据

载荷/N	P	1 000	2 000	3 000	4 000	5 000
	ΔP		1 000	1 000	1 000	1 000
读数应变 /10⁻⁶	ε_{d1}					
	$\Delta \varepsilon_{d1}$					
	平均值 $\Delta \bar{\varepsilon}_{d1}$					
	ε_{d2}					
	$\Delta \varepsilon_{d2}$					
	平均值 $\Delta \bar{\varepsilon}_{d2}$					

（2）弹性模量计算 $E = \dfrac{\Delta P}{\Delta \bar{\varepsilon}_{d1} A_0}$。泊松比计算 $\mu = \left| \dfrac{\Delta \bar{\varepsilon}_{d2}}{\Delta \bar{\varepsilon}_{d1}} \right|$。

六、思考题

（1）实验中在电阻应变片的布置和试样的夹持上采取了哪些措施？这些

措施是为了解决什么因素可能造成的实验误差?

(2) 实验中电阻应变片的标距长短对实验的测量值有无影响?

(3) 试比较几种接桥方式的优缺点?

3.5 电测压杆稳定实验

一、实验目的

(1) 用电测法测定两端铰支压杆的临界载荷 P_{cr},并与理论值进行比较,验证欧拉公式。

(2) 观察两端铰支压杆失稳现象。

二、实验设备

(1) 材料力学多功能实验台上的压杆稳定实验装置,如图 3.15 所示。

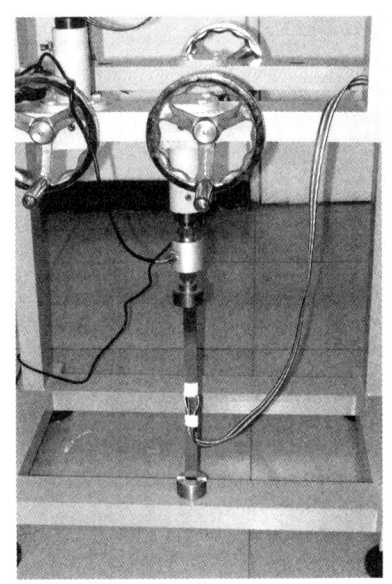

图 3.15 压杆稳定实验装置

(2) 静态电阻应变仪。

(3) 钢尺。

三、实验原理

对于两端铰支,中心受压的细长杆其临界力可按欧拉公式计算

$$P_{cr} = \frac{\pi^2 E I_{min}}{L^2}$$

式中:I_{min} 为杠杆横截面的最小惯性矩,$I_{min} = bh^3/12$;L 为压杆的计算长度。

实验测定 P_{cr} 时，可采用材料力学多功能实验台中压杆稳定实验装置，该装置上、下支座为 V 形槽口，将带有圆弧尖端的压杆装入支座中，在外力的作用下，通过能上下活动的上支座对压杆施加载荷，压杆变形时，两端能自由地绕 V 形槽口转动，即相当于两端铰支的情况。利用电测法在压杆中央两侧各贴一枚应变片 R_1 和 R_2，如图 3.16（a）所示。假设压杆受力后向右弯曲情况下，以 ε_{d1} 和 ε_{d2} 分别表示应变片 R_1 和 R_2 的读数应变，此时，ε_{d1} 是由轴向压应变与弯曲产生的拉应变之代数和，ε_{d2} 则是由轴向压应变与弯曲产生的压应变之代数和。

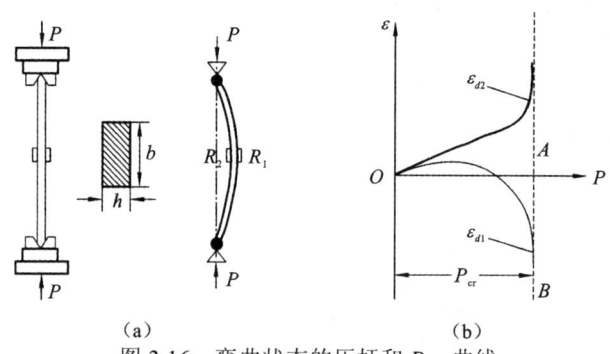

图 3.16 弯曲状态的压杆和 P-ε 曲线

图 3.16（b）中铅锤线 AB 与 P 轴相交的 P 值，即为依据欧拉公式计算所得的临界力 P_{cr} 的值。在 A 点之前，当 $P < P_{cr}$ 时压杆始终保持直线形式，处于稳定平衡状态。在 A 点，$P = P_{cr}$ 时，标志着压杆即将失稳。在 A 点之后，当 $P > P_{cr}$ 时压杆失稳而发生弯曲变形。因此，P_{cr} 是压杆由稳定平衡过渡到不稳定平衡的临界力。

实验中的压杆，不可避免地存在初曲率、材料不均匀和载荷偏心等因素影响，而这些影响在 P 远小于 P_{cr} 时，压杆也会发生微小的弯曲变形，只是当 P 接近 P_{cr} 时弯曲变形会突然增大而失稳。

当 $P \ll P_{cr}$ 时，压杆几乎不发生弯曲变形，ε_{d1} 和 ε_{d2} 均为轴向压缩引起的压应变，二者相等；当载荷 P 增大时，弯曲变形则逐渐增大，ε_{d1} 和 ε_{d2} 的差值也越来越大；当载荷 P 接近临界力 P_{cr} 时，二者相差更大，而 ε_{d1} 变成拉应变。故无论是 ε_{d1} 还是 ε_{d2}，当载荷 P 接近临界力 P_{cr} 时，均急剧增加。如用横坐标代表载荷 P，纵坐标代表压应变 ε，则压杆的 P-ε 关系曲线如图 3.16（b）所示。从图中可以看出，当 P 接近 P_{cr} 时，ε_{d1} 和 ε_{d2} 曲线都接近同一铅锤渐近线 AB，A 点对应的横坐标大小即为实验临界压力值。

四、实验步骤

（1）设计实验所需的各类数据表格。

（2）测量试件尺寸。在试件标距范围内，测量试件三个横截面尺寸，取三处横截面的宽度 b 和厚度 h，取其平均值用于计算横截面的最小惯性矩 $I_{\min}$。

（3）拟订加载方案。加载前用欧拉公式求出压杆临界力 P_{cr} 的理论值，在预估临界力值的 80% 以内，可采取快速加载，进行载荷控制。例如可以分成 4～5 级，载荷每增加一个 ΔP，记录相应的读数应变一次，超过此范围后，当接近失稳时，变形量快速增加，此时载荷量应取小些，或者改为变形量控制加载，即变形每增加一定数量读取相应的载荷，直到 ΔP 的变化很小，出现 4 组相同的载荷或渐近线的趋势已经明显为止（此时可认为此载荷值为所需的临界载荷值）。

（4）根据加载方案，调整好实验加载装置。

（5）按实验要求接线，调整实验仪器，检查测试系统是否处于正常工作状态。

（6）加载分成两个阶段，在达到理论临界力 P_{cr} 的 80% 之前，由载荷控制，均匀缓慢加载，每增加一级载荷，记录两点的读数应变 ε_{d1} 和 ε_{d2}；超过理论临界力 P_{cr} 的 80% 之后，由变形控制，每增加一定的应变值读取相应的载荷值。当试件的弯曲变形明显时即可停止加载。卸掉载荷。实验至少重复两次。

（7）完成实验后，逐级卸掉载荷，仔细观察试件的变化，直到试件回弹至初始状态。关闭电源，整理仪器设备，清理实验现场。

五、实验结果整理

（1）用方格纸绘出 P-ε 曲线，以确定实测临界力 $P_{\mathrm{cr}实}$。

（2）计算理论临界力 $P_{\mathrm{cr}理}$：

$$P_{\mathrm{cr}理} = \frac{\pi^2 E I_{\min}}{L^2}$$

（3）计算 $P_{\mathrm{cr}实}$ 与 $P_{\mathrm{cr}理}$ 的误差

$$\eta = \frac{P_{\mathrm{cr}实} - P_{\mathrm{cr}理}}{P_{\mathrm{cr}理}} \times 100\%$$

六、思考题

（1）实际压杆失稳与理论压杆失稳有何不同？如何判断实际压杆失稳？

（2）试分析理论值与实验值有差别的原因？

3.6 薄壁圆筒在弯扭组合变形下主应力测定

一、实验目的

（1）测定薄壁圆筒在弯扭组合变形下其表面一点主应力的大小及方向。

（2）将主应力值与理论值进行分析比较。
（3）掌握电阻应变花测量方法。

二、实验设备

（1）材料力学多功能实验台中弯扭组合实验装置，如图 3.17 所示。

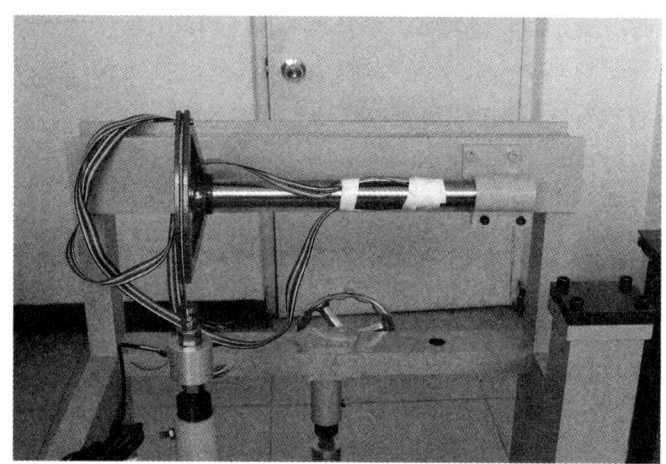

图 3.17　弯扭组合实验装置

（2）静态电阻应变仪。
（3）游标卡尺、钢直尺。

三、实验原理

测定主应力大小和方向。薄壁圆筒受弯扭组合作用，使圆筒发生组合变形，圆筒上表面的 m 点处于平面应力状态（见图 3.18）。在 m 点单元体上作用有由弯矩引起的正应力 σ_x，由扭矩引起的切应力 τ_n，主应力是一对拉应力 σ_1 和一对压应力 σ_3，单元体上的正应力 σ_x 和切应力 τ_n 可按下式计算

$$\sigma_x = \frac{M}{W_z}, \qquad \tau_n = \frac{T}{W_p}$$

式中：M 为弯矩，$M = P \cdot L$；T 为扭矩，$T = P \cdot a$；W_z 为抗弯截面模量，对空心圆筒有 $W_z = \frac{\pi D^3}{32}\left[1-\left(\frac{d}{D}\right)^4\right]$；$W_p$ 为抗扭截面模量，对空心圆筒有 $W_p = \frac{\pi D^3}{16}\left[1-\left(\frac{d}{D}\right)^4\right]$。

由二向应力状态分析可得到主应力及其方向为

$$\sigma_3^1 = \frac{\sigma_x}{2} \pm \sqrt{\left(\frac{\sigma_x}{2}\right)^2 + \tau_n^2}, \qquad \tan 2\alpha_0 = \frac{-2\tau_n}{\sigma_x}$$

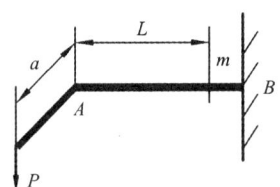 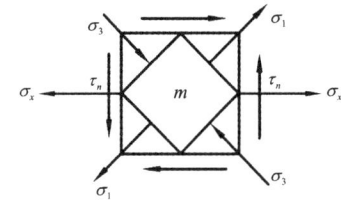

图 3.18　圆筒 m 点应力状态

本实验装置采用的是 45° 直角应变花,在上表面 m 点贴一组应变花,如图 3.19 所示,应变花上三个应变片的 α 角分别为 -45°、0°、45°,通过应力分析,可得该点主应力和主方向为

$$\sigma_3^1 = \frac{E(\varepsilon_{45°} + \varepsilon_{-45°})}{2(1-\mu)} \pm \frac{\sqrt{2}E}{2(1+\mu)} \sqrt{(\varepsilon_{45°} - \varepsilon_{0°})^2 + (\varepsilon_{-45°} - \varepsilon_{0°})^2}$$

$$\tan 2\alpha_0 = \frac{(\varepsilon_{45°} - \varepsilon_{-45°})}{2\varepsilon_{0°} - \varepsilon_{-45°} - \varepsilon_{45°}}$$

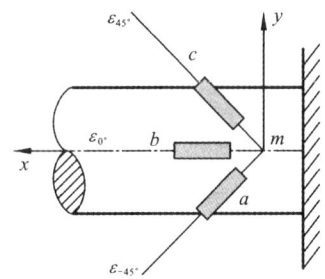

图 3.19　测点应变花布置图

四、实验步骤

(1) 测量试件尺寸、加力臂的长度和测点距力臂的距离,确定试件相关参数。

(2) 将薄壁圆筒上的应变片按不同测试要求接到仪器上,组成不同的测量电桥。调整好仪器,检查整个测试系统是否处于正常工作状态。

(3) 主应力大小、方向测定:将 m 点的所有应变片按半桥单臂、公共温度补偿法组成测量线路进行测量。

(4) 拟订加载方案。先选取适当的初载荷 P_0(一般取 $P_0 = 10\% P_{max}$ 左右),估算 P_{max}(该实验载荷范围 $P_{max} \leqslant 700 \text{ N}$),分 4～6 级加载。

(5) 根据加载方案,调整好实验加载装置。

(6) 加载。均匀缓慢加载至初载荷 P_0,记下各测点的初始读数应变;然后分级等增量加载,每增加一级载荷,依次记录各测点的读数应变,直到最终载荷。实验至少重复两次。注意:实验装置中,圆筒的管壁很薄,为避免损坏装置,切勿超载,不能用力扳动圆筒的自由端和力臂。

（7）完成实验后，卸掉载荷，关闭电源，整理仪器设备，清理实验现场，实验数据交指导教师检查签字。

五、实验结果整理

（1）将原始数据填入表 3.11。

表 3.11 原始数据

圆筒的尺寸和有关参数			
计算长度 $L=$	mm	弹性模量 $E=$	GPa
外径 $D=$	mm	泊松比 $\mu=$	
内径 $d=$	mm		
扇臂长度 $a=$	mm		

（2）将实验结果填入表 3.12。

表 3.12 m 点三个方向线应变

载荷/N		P	100	200	300	400	500	600
		ΔP	100	100	100	100	100	
读数应变 $/10^{-6}$	45°	$\varepsilon_{45°}$						
		$\Delta\varepsilon_{45°}$						
		平均值 $\Delta\bar{\varepsilon}_{45°}$						
	0°	$\varepsilon_{0°}$						
		$\Delta\varepsilon_{0°}$						
		平均值 $\Delta\bar{\varepsilon}_{0°}$						
	-45°	$\varepsilon_{-45°}$						
		$\Delta\varepsilon_{-45°}$						
		平均值 $\Delta\bar{\varepsilon}_{-45°}$						

（3）分别计算 m 点主应力及方向的实验值和理论值，并进行比较，如表 3.13 所示。

表 3.13 m 点主应力及方向的实验值与理论值比较

比较内容	实验值	理论值	误差/%
σ_1 /MPa			
σ_3 /MPa			
α_0 /(°)			

六、思考题

（1）电测法测主应力时，其应变花是否可以沿测点的任意方向布置？

（2）将测点选在薄壁圆筒的中性层位置，其主应力将如何变化？这时应布置什么样的应变花比较合适？

（3）如何利用不同桥路接法和布片方案提高实验测试精度？

3.7 薄壁圆筒在弯扭组合变形下内力素的测定

一、实验目的

（1）测定薄壁圆筒发生弯扭组合变形时横截面上的弯矩、扭矩。

（2）掌握电测法中静态电阻应变仪的电桥原理，学习利用测量电桥的输出特征，采用不同的桥路布置方法来测量组合变形中各种内力成分。

二、实验设备

（1）材料力学多功能实验台上的弯扭组合变形实验装置。

实验装置如图 3.20 所示。装置上的薄壁圆筒一端固定，另一端自由。在自由端装有与圆筒轴线垂直的加力杆，该杆呈水平状态。载荷 F 作用于加力杆的自由端。此时，薄壁圆筒发生弯曲和扭转的组合变形。在距圆筒自由端为 L_1 的横截面的上、下表面 B 和 D 处各贴有一个 45°应变花（或 60°应变花），如图 3.21 所示。设圆筒的外径为 D，内径为 d，载荷作用点至圆筒轴线的距离为 L_2。

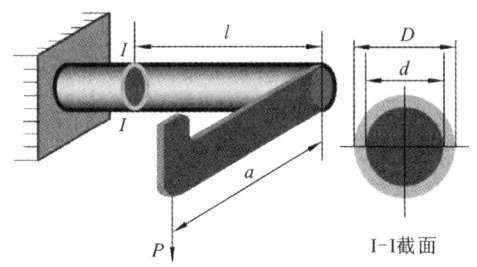

图 3.20 薄壁圆筒主应力测量装置图

为测量内力素，有多种桥路布置方法，这里选择在薄壁圆筒筒壁的上、下、左、右对称布设 45°的直角应变花。应变花的中间一片均沿着圆筒的母线方向，称为 0°片，其余两片与母线各成 45°或-45°，具体布置如图 3.21 所示。

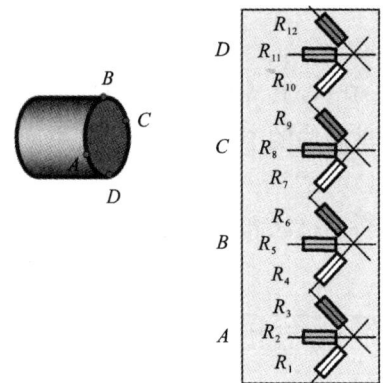

图 3.21　应变片粘贴位置及方向

（2）静态电阻应变仪。

三、实验原理

在线弹性范围、小变形条件下，构件在组合变形时的应力与应变通常是运用叠加原理来进行分析的。认为构件所受载荷的作用效应是独立的，每一种载荷所引起的应力和应变，都不受其他载荷的影响，其组合效应可以由每种单一载荷的作用效应叠加而成。这样就可以运用电阻应变测量技术，合理地布设电阻应变片，运用测量电桥工作原理，按不同的桥路布置方法，分别进行组合变形时内力素的测量。

由式（3.6）可知测量电桥的输出特性为相邻桥臂输出异号，相对桥臂输出同号。利用该特性，采取优化的桥路布置方法，不仅可以将构件在组合变形下各内力所产生的应变成分单独测量出来，而且在现有仪器的精度条件下提高仪器感应应变的灵敏度，减少误差。

发生弯扭组合变形的构件横截面上产生弯矩 M、剪力 Q 和扭矩 T 三种内力，相应地产生弯曲正应力 σ_M、弯曲切应力 τ_Q 和扭转切应力 τ_T 三种应力，理论分析表明 σ_M、τ_T 往往是引起构件强度失效的主要因素，所以本实验主要测量 σ_M、τ_T 及相应的 M 和 T，而 τ_Q 和 Q 的测量留待学生自己设计。

（1）弯矩 M 的测量。

在弯扭组合变形时，薄壁圆筒横截面上的顶点和底点的轴向应变最大，其绝对值相等，符号相反。利用工作片 $B_{0°}$、$D_{0°}$ 和应变仪内置的两个固定电阻，组成如图 3.22 所示的半桥。设弯矩 M 引起的应变绝对值为 ε_M，温差引起的应变为 ε_t，则工作片 $B_{0°}$ 和 $D_{0°}$ 对应的应变分别为 $\varepsilon_M + \varepsilon_t$ 和 $-\varepsilon_M + \varepsilon_t$，由式（3.8）可得

$$\varepsilon_{d1} = (\varepsilon_M + \varepsilon_t) - (-\varepsilon_M + \varepsilon_t) = 2\varepsilon_M$$

因此，弯曲正应力 $\sigma_M = E\varepsilon_M = E\dfrac{\varepsilon_{d1}}{2}$。令薄壁圆筒的内、外径之比为

$\alpha = \dfrac{d}{D}$，则弯矩 M 为

$$M = \sigma_M W_z = E\dfrac{\varepsilon_{d1}}{2}\dfrac{\pi D^3(1-\alpha^4)}{32} = \dfrac{E\varepsilon_{d1}\pi D^3(1-\alpha^4)}{64}$$

式中：W_z 为薄壁圆筒抗弯截面模量；E 为薄壁圆筒材料的弹性模量。

（2）扭矩 T 的测量。

发生弯扭组合变形时薄壁圆筒的水平对称点 A、C 两点处于纯切应力状态，由应力状态分析可知，其主应力 $\sigma_1 = -\sigma_3 = \tau_{\max}$，$\sigma_2 = 0$，主应力方向与筒轴线方向成 $\pm 45°$，据此可将工作片 $A_{45°}$、$A_{-45°}$、$C_{45°}$ 和 $C_{-45°}$ 组成如图 3.23 所示的全桥。设扭矩 T 引起的应变绝对值为 ε_T，剪力 Q 引起的应变绝对值为 ε_Q，温差引起的应变为 ε_t，则工作片 $A_{45°}$、$A_{-45°}$、$C_{45°}$ 和 $C_{-45°}$ 对应的应变分别为 $\varepsilon_T + \varepsilon_Q + \varepsilon_t$，$-\varepsilon_T + \varepsilon_Q + \varepsilon_t$，$\varepsilon_T - \varepsilon_Q + \varepsilon_t$ 和 $-\varepsilon_T - \varepsilon_Q + \varepsilon_t$，由式（3.6）可得

$$\varepsilon_{d2} = (\varepsilon_T + \varepsilon_Q + \varepsilon_t) - (-\varepsilon_T + \varepsilon_Q + \varepsilon_t) + (\varepsilon_T - \varepsilon_Q + \varepsilon_t) - (-\varepsilon_T - \varepsilon_Q + \varepsilon_t) = 4\varepsilon_T$$

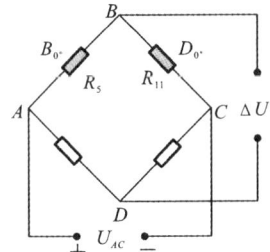
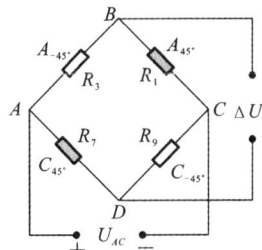

图 3.22 测量弯矩的电桥连线　　　图 3.23 测量扭矩的电桥接线

根据广义胡克定理知

$$\varepsilon_T = \dfrac{\sigma_1}{E} - \mu\dfrac{\sigma_3}{E} = \dfrac{\tau_{\max}}{E}(1+\mu)$$

则扭转切应力为

$$\tau_{\max} = \dfrac{T}{W_p} = \dfrac{E\varepsilon_T}{1+\mu} = \dfrac{E\varepsilon_{d2}}{4(1+\mu)}$$

故扭矩为

$$T = \tau_{\max} W_p = \dfrac{E\varepsilon_{d2}\pi D^3(1-\alpha^4)}{64(1+\mu)}$$

式中：μ 为材料的泊松比；W_p 为薄壁圆筒的抗扭截面模量。

四、实验步骤

（1）为确保试样在线弹性范围、小变形条件下测试和实验的测量精度，根据等增量加载法确定最终载荷、加载的分级和级差。

（2）根据需测的内力素，拟定相应的组桥方式，并将选定的应变片接入桥路。

(3) 调整各测点处于平衡状态后，逐级加载，读取应变值并随时观察应变增量的线性程度，对线性程度不好的测点，分析原因，并重复做几次，取其有效测量结果的算术平均值作为实验值。

(4) 按上述步骤测量另一种内力素。

五、实验结果整理

(1) 根据实测的应变增量的平均值计算相应的应力和内力，并与理论计算值比较，计算其相对误差。

(2) 作出测量电桥接线图，并计算测量应变与仪器读数应变 ε_d 的关系。

(3) 分析产生实验误差的主要因素。

六、思考题

(1) 为什么薄壁圆筒的变形要控制在线弹性范围、小变形条件下？

(2) 薄壁圆筒发生弯扭组合变形时能够分别测量横截面上的各内力素的理论依据是什么？

(3) 如何根据本次实验的要求，运用电测原理，设计其他的应变片布设方案和接桥方式，并相互比较其优、缺点。

习 题 3

一、选择题

1. 如题图 3.1 所示拉伸试件上应变片 R_1 和 R_2 互相垂直，采用半桥接线法，R_1 接桥臂 AB，R_2 接桥臂 BC。在拉力 F 作用下，R_1 和 R_2 的应变值分别为 ε_1 和 ε_2，若材料的泊松比为 μ，则读数应变 ε_d 为（　　）。

A. $\varepsilon_1 + \varepsilon_2$ B. $(1+\mu)\varepsilon_1$ C. $(1-\mu)\varepsilon_1$ D. $(1+\mu)\varepsilon_2$

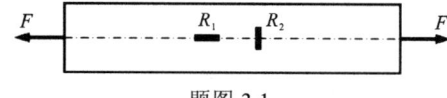

题图 3.1

2. 如上题中题图 3.1 所示拉伸试件上应变片 R_1 和 R_2 互相垂直，采用半桥接法，R_1 接桥臂 AB，R_2 接桥臂 BC。在拉力 F 作用下产生线弹性变形，测得读数应变为 ε_d，若材料的泊松比为 μ，弹性模量为 E，则试件横截面上的正应力 σ 为（　　）。

A. $E(1+\mu)\varepsilon_d$ B. $E(1-\mu)\varepsilon_d$ C. $\dfrac{E}{1+\mu}\varepsilon_d$ D. $\dfrac{E}{1-\mu}\varepsilon_d$

3. 如题图 3.2 所示的纯弯曲试件上,应变片 R_1 和 R_2 分别粘贴在试件的上下表面,采用半桥接线法,R_1 接桥臂 AB,R_2 接桥臂 BC。试件在载荷作用下产生小变形,测得读数应变为 ε_d。若已知材料的弹性模量为 E,则试件的最大弯曲正应力 $\sigma_{\max}$ 为(   )。

A. $4E\varepsilon_d$ B. $2E\varepsilon_d$ C. $E\varepsilon_d$ D. $\dfrac{1}{2}E\varepsilon_d$

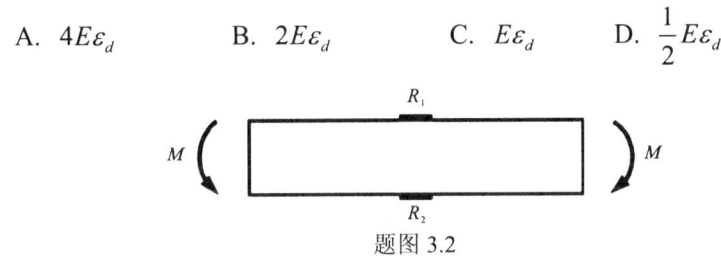

题图 3.2

4. 矩形截面的简支梁受到集中力 F 作用,如题图 3.3 所示。已知梁截面的高度为 h,宽度为 b,跨度为 l。材料的弹性模量为 E,泊松比为 μ。若测得梁 AC 段的中性层上点 K 处与轴线成 $45°$ 方向上的读数应变为 ε_d,则梁上的集中力 F 为(   )。

A. $-\dfrac{Ebh}{1+\mu}\varepsilon_d$ B. $\dfrac{Ebh}{1+\mu}\varepsilon_d$ C. $-Ebh\varepsilon_d$ D. $-2Ebh\varepsilon_d$

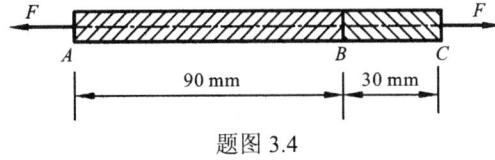

题图 3.3

5. 如题图 3.4 所示,等直杆 ABC 受轴向拉力 F 作用,两段杆件变形处于线弹性阶段,两段的横截面均为圆形且直径均相等。AB 段材料是钢,弹性模量 E_{AB},长度为 $l_{AB}=90\text{ mm}$;BC 段材料是铝,弹性模量 E_{BC},长度为 $l_{BC}=30\text{ mm}$。确定 F 大小的方法为(   )。

题图 3.4

A. 由静力平衡方程可求出
B. 由静力平衡方程和变形协调方程可求出
C. 起码要粘贴一片应变片测量其中一段杆件的应变值,再由静力平衡方程和变形协调方程可求出

D. 起码要粘贴两片应变片测量两段杆件的应变值，再由静力平衡方程和变形协调方程可求出

6. 悬臂梁受 P 力作用，在题图 3.5 所示梁的上、下表面各贴两片应变片 1、4 和 2、3 受力后的弯曲应变为 ε_M，按题图 3.5 所示半桥并联接线，测得读数应变 ε_d 为（　　）。

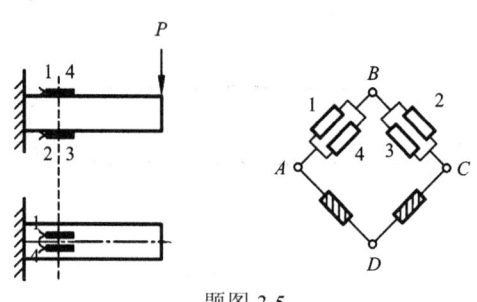

题图 3.5

A. $4\varepsilon_M$　　　　B. ε_M　　　　C. $2\varepsilon_M$　　　　D. 0

7. 悬臂梁受载如题图 3.6 所示，要分别测得 P_1 和 P_2 值，在下面 4 种贴片方案中，正确的是（　　）。

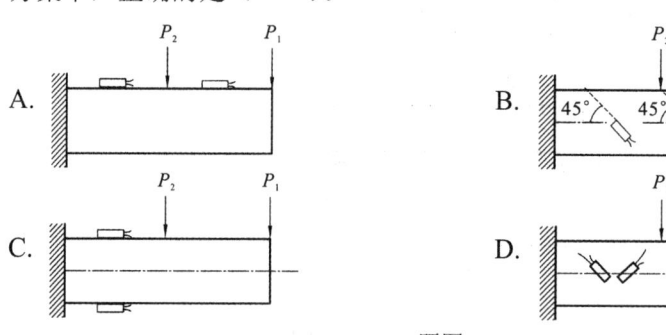

题图 3.6

8. 如题图 3.7 所示，沿梁横截面高度粘贴 5 枚应变片，编号如图，测得其中 3 枚应变片的应变读数分别为 80 $\mu\varepsilon$、38 $\mu\varepsilon$ 和 $-2\,\mu\varepsilon$，试判断所对应的应变片编号为（　　）。

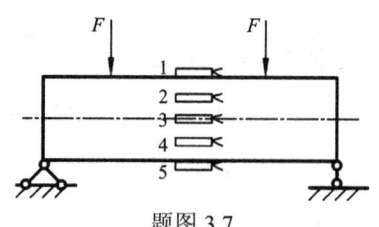

题图 3.7

A. 1、2、3　　B. 5、4、2　　C. 5、4、3　　D. 1、2、4

9. 梁在弯曲时，已知材料的 E、μ，要测定梁上中性层应力，应（　　）。

A. 在梁中性层沿轴向贴一枚应变片

B. 在梁上下表面沿轴向各贴一枚应变片

C. 在梁中性层沿垂直轴线方向贴一枚应变片

D. 在梁中性层沿 45° 斜贴一枚应变片

10. 弹性模量 E 实验中，可以将拉伸板同一截面正反两个应变片串联起来组成单臂半桥或接入相对桥臂组成全桥，这样可以减少（　　）产生的误差？

A. 应变片零点漂移

B. 由于试件前后变形不均匀

C. 应变仪信号不稳定

D. 载荷不稳定

11. 圆截面扭转试件的两端受到力偶矩 T 作用，应变片 R_1 和 R_2 分别粘贴在与轴线成 45° 的方向上，如题图 3.8 所示。采用半桥接线法，R_1 接桥臂 AB，R_2 接桥臂 BC。试件在扭矩作用下产生小变形，测得读数应变为 ε_d。若已知材料的弹性模量为 E，泊松比为 μ，则试件横截面上的最大扭转切应力 $\tau_{\max}$ 为（　　）。

A. $\dfrac{E}{2(1-\mu)}\varepsilon_d$ B. $\dfrac{E}{2(1+\mu)}\varepsilon_d$ C. $\dfrac{E}{1-\mu}\varepsilon_d$ D. $\dfrac{E}{1+\mu}\varepsilon_d$

题图 3.8

12. 圆筒形薄壁压力容器的平均直径为 D，壁厚为 δ，材料的弹性模量为 E，泊松比为 μ，应变片 R_1 和 R_2 分别粘贴在容器外壁的轴向和周向。容器在内压 p 作用下产生小变形，测得周向和轴向的读数应变分别为 ε_{d1} 和 ε_{d2}，则内压 p 为（　　）。

A. $\dfrac{2E\delta\varepsilon_{d1}}{D}$ B. $\dfrac{2E\delta\varepsilon_{d1}}{D}$

C. $\dfrac{2E\delta}{(1-\mu^2)D}(\varepsilon_{d1}+\mu\varepsilon_{d2})$ D. $\dfrac{4E\delta}{(1-\mu^2)D}(\varepsilon_{d1}+\mu\varepsilon_{d2})$

13. 如题图 3.9 所示杆件受力、应变片分布以及应变电测连接线路，则该电桥测量的应变是（　　）。

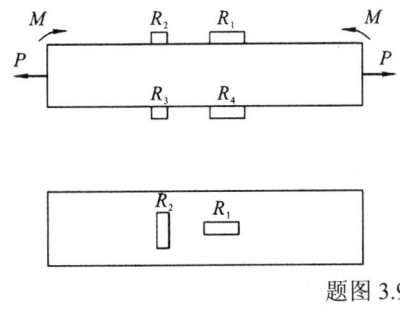
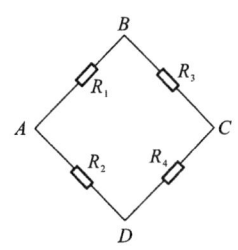

题图 3.9

A. 由弯矩 M 引起的正应变 B. 由力 P 引起的正应变
C. 由弯矩 M 和 P 引起的正应变 D. 由弯矩 M 和 P 引起的剪应变

14. 直径为 d 的圆截面杆承受处力偶矩 M_e，测得该杆表面与纵线成 $45°$ 方向上的读数应变为 ε_d（题图 3.10），这些材料的剪切弹性模量 G 为（   ）。

A. $\dfrac{4M_e}{\pi d^3 \varepsilon_d}$ B. $\dfrac{8M_e}{\pi d^3 \varepsilon_d}$ C. $\dfrac{12M_e}{\pi d^3 \varepsilon_d}$ D. $\dfrac{16M_e}{\pi d^3 \varepsilon_d}$

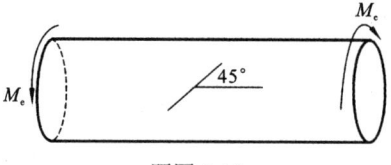

题图 3.10

15. 测偏心受拉（压）构件的轴向应变方法中，至少要在构件的轴对称面上粘贴几枚轴向应变片，然后把它们组成什么测量电路？（   ）

A. 4 枚应变片，组成全桥
B. 4 枚应变片，组成串联半桥
C. 沿测量任意三个方向布置 3 枚应变计
D. 2 枚应变片，组成半桥

二、实验分析题

1. 有一轴向拉伸板条试件，如题图 3.11 所示，其截面积为 A，泊松比为 μ，在试件中段的两侧，沿纵向、横向分别各粘贴 1 枚应变片（R_1、R_2、R_3、R_4）并有温度补偿片 R_5、R_6。请用电测法测量材料弹性模量 E，要求组桥能自动消除偏心受载的影响且提高测量灵敏度。请设计几种组桥方案（画出电桥接线图、读数应变 ε_d 和 E 的表达式）。

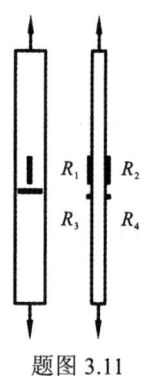

题图 3.11

2. 题图 3.12 所示矩形截面悬臂梁，已知材料弹性模量 E，自由端受横向力 F_1 和轴向力 F_2 共同作用，梁上粘贴 4 个水平方向应变片，已知相关几何

参数梁高 h，宽 b，两处距离 a，试给出：

（1）用全桥接法给出测量 F_1 的接桥电路及相应求解过程。

（2）如另外增加两个补偿片 R_5 和 R_6，给出测量 F_2 的接桥电路及相应的求解过程。

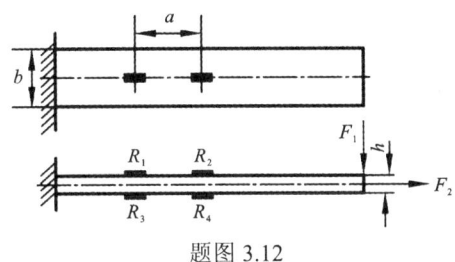

题图 3.12

3. 悬臂梁截面为正方形，边长为 a，在距右端为 L 处截面的上下表面沿纵向各粘贴 1 枚相同的应变片 R_1、R_2，在载荷 P 作用，如题图 3.13 所示，并有温度补偿片 R_3、R_4。

（1）试绘出分别测定弯曲应变 ε_M 与压应变 ε_P 的桥路方案；

（2）写出 ε_M、ε_P 与读数应变 ε_d 的关系；

（3）已知材料弹性模量为 E，请根据测量结果确定载荷 P 的大小及其与杆轴线间的夹角 α。

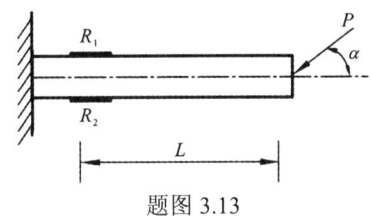

题图 3.13

4. 拐臂结构受力状态如题图 3.14 所示，已知几何尺寸、材料弹性常数，欲测 P_z，请在图中画出应变片粘贴位置，绘出桥路方案，并写出 P_z 与读数应变 ε_d 之间的关系式。

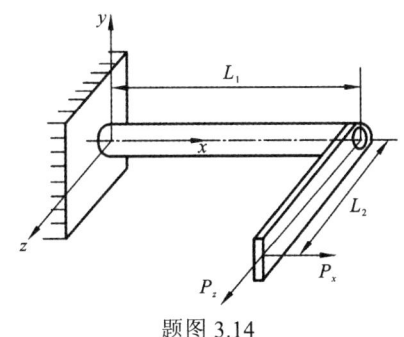

题图 3.14

5. 一直径 $d = 20\,\text{mm}$ 的实心钢圆轴,承受轴向拉力 F 与扭转力偶矩 T 的组合作用,如题图 3.15 所示。已知轴材料的弹性常数 $E = 200\,\text{GPa}$、$\mu = 0.3$,并通过 45° 应变花测得圆轴表面上 a 点处的线应变为 $\varepsilon_{0°} = 32 \times 10^{-5}$,$\varepsilon_{45°} = 56.5 \times 10^{-5}$,$\varepsilon_{90°} = -9.6 \times 10^{-5}$。试求 F 和 T 的数值。

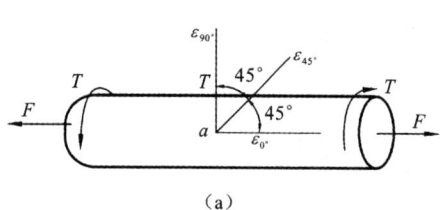

题图 3.15

第4章 综合设计实验

> 综合设计实验不仅是实验技术和实验方法的有机结合,也是力学理论在实验中的综合应用。本章实验内容涉及复合材料的弹性常数和强度指标测定、薄壁结构的内力和应力测定,以及设计不同铰接下桁架结构的静载和动载实验等,培养综合分析和创新设计能力。

4.1 复合材料拉伸性能测试实验

复合材料是由两种或两种以上不同性质的材料通过物理或化学的方法,在宏观上组成具有新性能的材料。各种组分材料在性能上互相取长补短,产生协调效应,因此,复合材料的性能不同于其组分材料,它往往具有原材料的某些特点,而通过形成复合材料又可获得强度、刚度、韧性、硬度、耐磨、重量、寿命、耐高温或抗腐蚀等性能的改善。目前在航空、航天、建筑、化工、汽车和造船等领域都有广泛的应用。

一、实验目的

(1) 测定规定方向的复合材料拉伸强度 σ_b。
(2) 测定规定方向的复合材料弹性模量 E。
(3) 测定规定方向的复合材料破坏极限伸长率 ε_r。

二、实验设备和仪器

(1) 电子万能实验机。
(2) 电子引伸计。
(3) 游标卡尺。
(4) 复合材料试样。

试样通常选择如图 4.1 所示形状。试件宽度和厚度的设计,是为了确保试件在工作段破坏并确保试件的横截面含有足够数量的纤维,使其成为统计上的大多数材料的样本。夹持偏心率引起的弯曲应力可忽略不计,试件长度应显著大于上述条件所对应的最低要求。

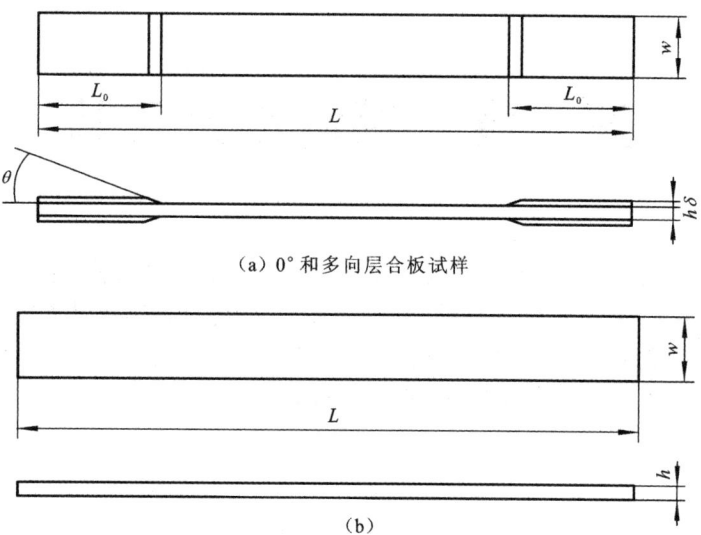

(a) 0°和多向层合板试样

(b)

图 4.1 复合材料试样形状

三、实验原理

复合材料拉伸实验适用于测定纤维织物增强塑料板材和短切纤维增强塑料的拉伸力学性能。影响复合材料拉伸特性因素包括:材料、铺层纤维方向、试件铺层顺序、试件制备工艺、试件状态调节、实验环境、试件对中和夹持、实验速度及成型时间、孔隙含量和增强体的体积百分比。在假设材料均匀、连续、应力应变关系符合胡克定律的前提下,其力学性能一般仍按材料力学公式计算。但纤维增强塑料实际上不太符合这些假设,实验过程中不完全符合胡克定律,在超过比例极限以后,往往在纤维和树脂的黏结面处会逐步出现微裂缝,呈现出一个渐进的破坏过程。试件的破坏模式和破坏区域如果可能,可选用基于三部破坏模式代码的标准方法描述,如图 4.2 所示。

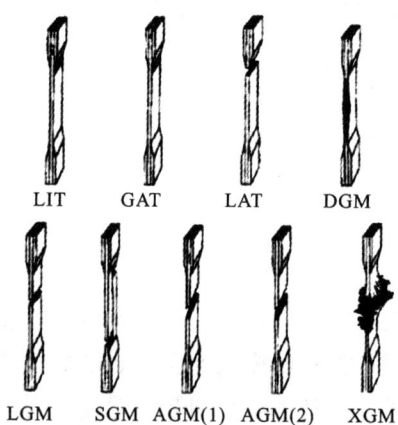

图 4.2 复合材料拉伸实验典型破坏模式

当材料在拉伸过程中发出脆断声或试样表面出现白斑时，则认为复合材料的性能发生变化，此时，拉伸应力-应变曲线为折线，可用第一弹性模量和第二弹性模量描述。第二弹性模量是复合材料的特点，其成因是，在受力状况下树脂和纤维延伸率不同，在界面处开裂，此时，复合材料中有缺陷的纤维先行断裂，使纤维总数少于起始状态时的数量，相应每根纤维上受力增加，形变也就增加，致使弹性模量降低。

复合材料的材料力学性能指标如下。

（1）拉伸强度 σ_b。

当试样拉伸至最大载荷时，记录该瞬时载荷，由下式计算拉伸强度

$$\sigma_b = \frac{F_{max}}{bh} \tag{4.1}$$

式中：F_{max} 为实验最大载荷；b 为试样宽度；h 为试样厚度。

（2）弹性模量 E。

试样是预先按规定方向（如板的纵向和横向）切割而成的，使各向异性材料转变为单向材料取样测量，故可假定这种形式的试样上其应力、应变关系服从胡克定律，其拉伸弹性模量 E 可表示为

$$E = \frac{l_0 \Delta F}{bh \Delta l} \tag{4.2}$$

式中：ΔF 为载荷-位移曲线上初始直线段的载荷增量；Δl 为与载荷增量 ΔF 对应的标距 l_0 内的位移增量。

（3）破坏（或最大载荷）极限伸长率 ε_r。

试样拉伸破坏时或最大载荷处的伸长率，称为破坏极限伸长率，记为 ε_r（%），按下式计算

$$\varepsilon_r = \frac{\Delta l_b}{l_0} \times 100\% \tag{4.3}$$

式中：Δl_b 为试样拉伸破坏时或最大载荷处标距 l_0 内的伸长量。

四、实验步骤

（1）试样准备。实验前，试样在实验标准环境中至少放置 24 h。不具备环境条件者，试样可在干燥器内至少放置 24 h。用游标卡尺在试样工作段内的任意三处，测量其宽度和厚度，取平均值。

（2）调节实验机的加载速度。使试件在工作段内能产生一个近似恒定的应变率，若无法实现应变控制模式，则通过重复的控制和调节加载速率，测量应变传感器与时间的响应关系，便可近似地保持一个近似恒定的应变率。选择的加载速度应使试件在 1～10 min 内破坏。

（3）夹持试样。使试样的中心线与上、下夹具的校准中心线一致，并在试样工作段安装电子引伸计，施加初载（约为破坏载荷的 5%）。并在测试软件中，选择对应电子引伸计、力传感器，并进行电子引伸计和力传感器标定。

（4）开始实验。在测试软件中将位移清零，点击"运行"按钮开始实验，测试软件将自动记录载荷-变形曲线。连续加载至试样破坏，记录试样的破坏载荷（或最大载荷）及破坏形式。在试样拉伸过程中，要注意听是否有开裂声，同时观察试样表面上是否有白斑出现。当发出开裂声和有白斑出现时，应记录此时的载荷。

若试样出现以下情况，则实验无效：

a. 试样破坏在内部缺陷明显处；

b. 试样破坏在夹具内或试样断裂处离夹紧处的距离小于 10 mm。

（5）处理实验结果。

五、实验结果处理与分析

（1）通过记录曲线，采集载荷与对应的变形值，计算得到拉伸强度、弹性模量（或拉伸割线弹性模量）和伸长率。

（2）III 型试样破坏在非工作段时，仍用工作段横截面积来计算，记录试样断裂位置。

（3）以表格形式列出每个试样的材料力学性能：$\sigma_{bi}, E_i, \varepsilon_{ti}$，说明每个试样的破坏情况。

六、实验报告

实验报告的内容包括：试样名称、规格、实验环境、实验设备、设备调节、实验结果与分析。

4.2 开口薄壁梁弯曲中心及内力测定实验

开口薄壁杆件的抗扭强度和抗扭刚度远低于其抗弯强度和抗弯刚度，当这类杆件承受扭矩作用时，将会大大影响杆件的承载能力。但若横向外力作用线经过横截面的弯曲中心，开口薄壁杆件只有弯曲变形，没有扭转变形。因此，确定截面的弯曲中心有重要的工程意义。

各种截面弯曲中心的位置可以通过材料力学的理论方法近似计算确定，也可以通过实验方法来确定。开口薄壁梁弯曲中心测定实验：一方面可以用于验证理论解，分析理论与实测的差别；另一方面，也用于探讨杆端约束对实验结果的影响。

一、实验目的

（1）用电测法测定开口薄壁梁弯曲中心的位置。

（2）测定载荷作用线通过弯曲中心时，槽形截面翼缘上下表面中点的弯曲正应力。

(3) 测定载荷作用线通过弯曲中心时，槽形截面翼缘上下表面中点的弯曲切应力。

(4) 测定载荷作用线通过弯曲中心时，腹板外侧面中点的弯曲切应力。

(5) 测定载荷作用线通过截面形心时，翼缘上下外表面中点的扭转切应力。

(6) 测定载荷作用线通过截面形心时，腹板外侧面中点的扭转切应力。

二、实验设备与试样

(1) 开口薄壁梁弯曲实验装置。

(2) 静态电阻应变仪。

(3) 铝合金槽形截面梁。

试样尺寸如图 4.3 所示（单位：mm）。梁左端为固定端支座，右端上部固结一条侧向外伸臂。通过在不同位置进行加载与测试，求出截面的弯曲中心。

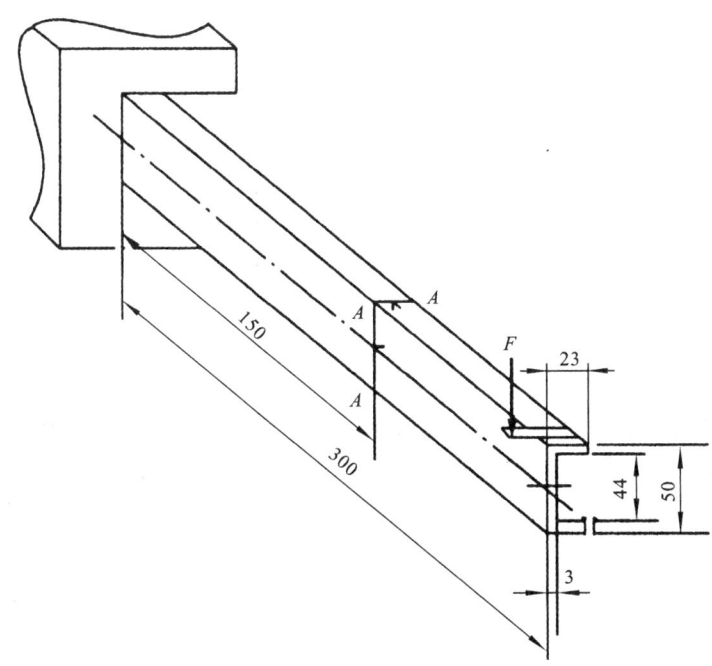

图 4.3　铝合金槽形截面悬臂梁

三、实验原理

(1) 当外力 F 作用在杆件弯曲中心 A 时，杆件只发生平面弯曲，不发生扭转，如图 4.4（a）所示。由材料力学可知，当梁沿 y 方向发生平面弯曲时，横截面上下翼缘的正应力大小相等，符号相反，腹板中点正应力为零，如图 4.4（b）所示；横截面的切应力分布如图 4.4（c）所示，该切应力沿腹板宽度均匀分布，腹板中点处最大。

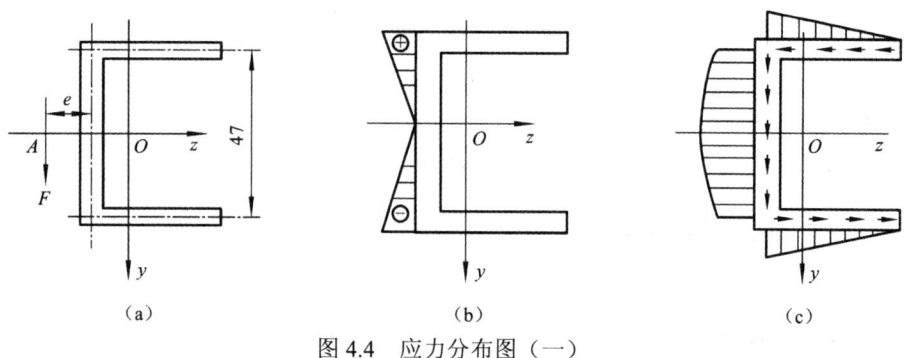

图 4.4 应力分布图（一）

（2）当外力 F 的作用点不通过弯曲中心 A 时，假设作用在截面形心 O 点，OA 的距离为 a，如图 4.5（a）所示。将作用力平移到 A 点，如图 4.5（b）所示。作用于 A 点的力 F 使梁产生平面弯曲，力偶 Fa 使梁产生扭转。由于梁的左端固定、右端自由，因而在扭矩 Fa 的作用下梁产生约束扭转。

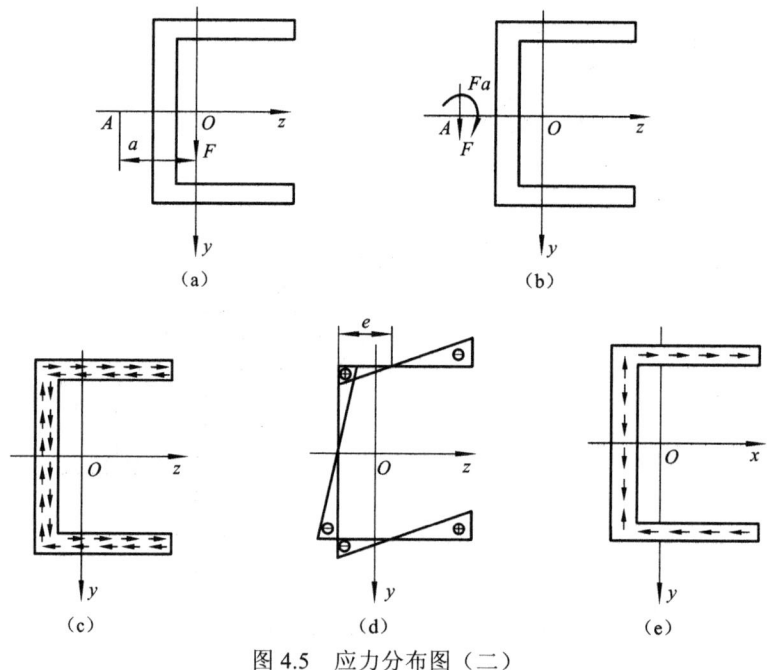

图 4.5 应力分布图（二）

约束扭转时截面上的应力由两部分组成：一是自由扭转产生的切应力，如图 4.5（c）所示，腹板中点内、外缘切应力大小相等，方向相反；二是由于固定端对扭转时梁截面翘曲的约束而产生的附加正应力和切应力。约束扭转产生的附加正应力如图 4.5（d）所示，附加切应力如图 4.5（e）所示。

（3）开口薄壁截面梁弯扭组合变形时截面正应力的计算，应将平面弯曲产生的正应力约束扭转产生的附加正应力叠加；切应力的计算应将平面弯曲切应力与自由扭转切应力以及约束扭转产生的附加切应力叠加。具体计算可按有关的力学方法进行。实验应力测定可按图 4.3，粘贴电阻应变花片，采用不同的组桥方式测其弯曲正应力、弯曲切应力、扭转切应力的大小及分布。

四、实验结果整理

（1）用材料力学公式计算开口薄壁梁弯曲中心的位置。

（2）自行设计实验方案，进行组桥、测试，记录实验过程及实验数据，分析实验结果。

五、思考题

（1）如何测试才能减小误差的影响？

（2）开口薄壁结构如何进行强度校核，如何确定危险截面和危险点？采用实验方法能否测出危险点的主应力？

4.3 压杆稳定实验

扫码观看

一、实验目的

（1）观察细长压杆失稳现象，增强对压杆失稳的认识。

（2）测定不同支撑条件下压杆失稳的临界载荷 F_{crt}，并与相应的欧拉载荷 F_{cr} 进行比较。

（3）认识支撑条件对压杆失稳临界载荷的影响。

二、实验仪器和装置

（1）压杆稳定实验台。配备下铰支撑 2 副、中间支撑卡 1 副、上铰支撑（滚珠帽）1 副。

实验台的结构简图，如图 4.6 所示。实验台由底板、顶板和四根立柱构成加力架。在顶板上安装了加力和测力系统。采用螺旋加力方式，拧进顶部的旋钮使丝杠顶推压头向下运动，即可以对压杆加载。测力传感器中的弹性敏感元件置于丝杠和压头的芯轴之间，输出的应变信号通过电缆接入仪器的相应插座，经放大和模数（A/D）转换，在测力计上直接显示为力值。位移传感器装于顶板，通过承托卡测量压头的位移。

（2）压杆试件。

压杆试件如图 4.7 所示，其压杆和托梁均由弹簧钢制成，其弹性模量 $E=210\,\text{GPa}$，试件截面尺寸：$20\times2\,\text{mm}^2$，不同支撑条件下压杆的计算长度参考图 4.7 中的有关尺寸（L_i）。

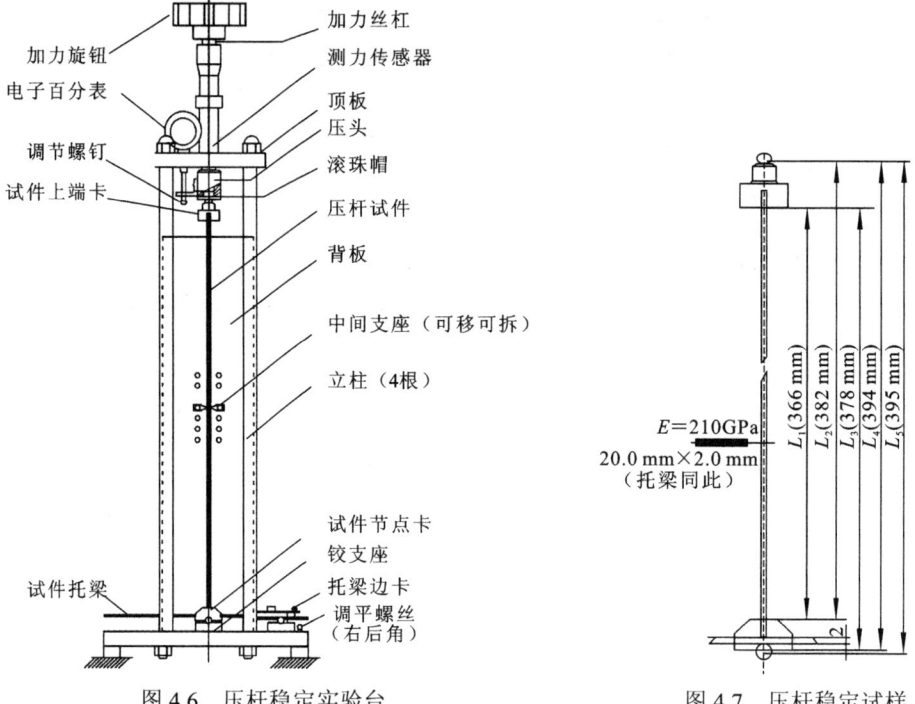

图 4.6 压杆稳定实验台　　　　图 4.7 压杆稳定试样

（3）测力计。

（4）游标卡尺和直尺。

三、实验原理

对轴向受压的理想细长直杆（即柔度 $\lambda \geqslant \lambda_p$），按小变形理论，其临界载荷可以由欧拉公式求得

$$F_{cr} = \frac{\pi^2 E I_{min}}{(\mu l)^2}$$

式中：E 为材料的弹性模量；I_{min} 为压杆截面的最小惯性矩；l 为压杆长度；μ 为长度系数。

实验所采用的压杆稳定实验台为简化测量装置，以压杆受压时产生的轴向位移 Δ 替代压杆中点的侧向位移（挠度）f，因为二者在数值上是相同的，当然不同支撑条件下的 Δ-f 关系有所不同。例如，在两端铰接条件下，其关系式为 $f = \frac{2}{\pi}\sqrt{l\Delta}$。

对理想状态的中心受压直杆，当 $F < F_{cr}$ 时，压杆保持原有的直线平衡形态而处于稳定平衡状态；当 $F = F_{cr}$ 时，压杆处于临界状态，可以在微弯的形态下保持平衡，但这种形态下的平衡是不稳定的，稍有干扰压杆即被压溃，按小变形理论所绘出的 F-f 图形则为两段折线 $\overline{OA}$ 和 $\overline{AB}$，如图 4.8 所示。

笔记栏

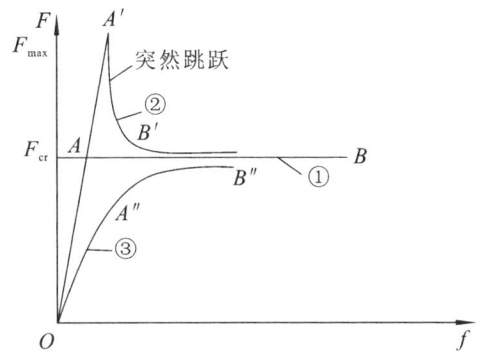

图 4.8 F-f 曲线的可能形态

但是实际的压杆,不可避免地会存在初始曲率,压杆的材质也不是绝对均匀的,以致杆受压后其横截面上产生的分布应力的合力的作用线不与杆轴线重合;压力的作用线难以毫无偏差地与杆轴线重合,压杆的约束也不是绝对光滑的。这些因素将导致实际压杆的失稳过程具有一些区别于理想压杆失稳的特点,因而实验中测定的压杆的极限载荷 F_{jx} 只可能逼近欧拉载荷 F_{cr},实验精度很大程度上取决于实验试件的制造、实验装置的调试和实验过程的操作。

对于制造过程中压杆加工精度和安装精度较高的实验,压杆便可以达到较高的初始承载力 F_{max},杆件无明显的弯曲,F-f 曲线关系也呈陡的斜直线。当压杆的内能达到一定水平,超过了杆端支承的静摩擦等阻力因素时,压杆就会突然弯曲,抗力突降趋于平稳后的载荷即为压杆的临界载荷 F_{jx},如图 4.8 中的曲线 $OA'B'$。如果试件在制造和安装过程中精度较差,压杆在受力开始即产生弯曲变形,致使 F-f 曲线的 OA'' 段发生倾斜,但此时弯曲变形较之压缩变形还不是主要的,其挠度 f 增加较慢,而当 F 趋近于 F_{cr} 时弯曲变形成为主要变形,f 则急剧增大如图 4.8 中的曲线 $OA''B''$ 所示。作曲线 $OA''B''$ 的水平渐近线,与之对应的载荷纵坐标即代表压杆的临界载荷 F_{jx}。

四、实验步骤

(1) 安装、测量试件。测量试件的长度 l、宽度 b 和厚度 t。试件厚度 t 对临界载荷影响很大,故应在沿压杆长度方向测取 5~6 处的厚度数据,取其平均值用以计算截面的最小轴惯性矩 I_{min}。确定压杆实验的模式(支撑方式),按支撑方式如图 4.9 的要求,调整支座,检查是否符合设定状态,特别注意尽可能使压力作用线与压杆轴线重合。调整底板调平螺丝(右后角)使实验台体稳定。

(2) 估算载荷。保证试件实验后不发生屈服,实验前应根据欧拉公式估算实验的欧拉临界力 F_{cr},并根据下式估算在弹性范围内试件允许的最大挠度 f_{max},即

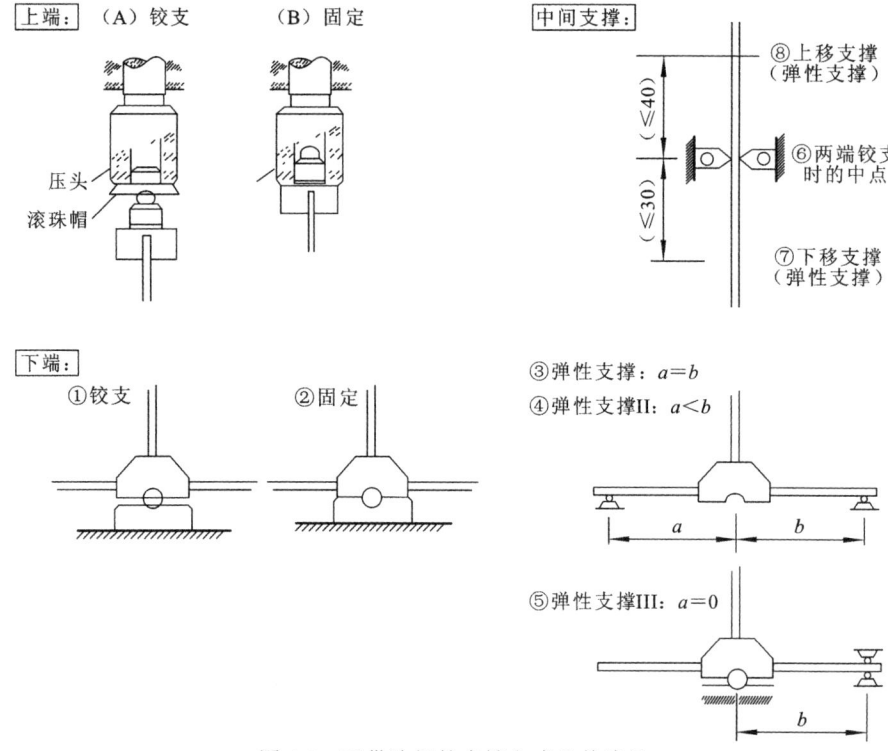

图 4.9 可供选择的支撑方式及其编号

$$\frac{F_{cr}}{S_o} + \frac{F_{cr} f_{max}}{W} = [\sigma]$$

式中：S_o 为试件横截面面积；W 为抗弯截面模量；$[\sigma]$ 取 $(0.7\sim0.8)\sigma_s$，σ_s 为试件材料的屈服极限。将最大挠度 f_{max}（横向位移）换算为最大轴向位移 Δ_{max}。

（3）连接仪器。将力和轴向位移传感器接入测试设备输入口，连接电缆盒电源线，打开电源开关。在第一次实验前，需对力与位移进行标定。

（4）调试仪器，预加载。实验开始前，要进行荷载、位移初始状态的调整；松开加力旋钮，再慢慢拧紧，当所显示的力值稍微改变时，调整百分表下的调节垫，使百分表指针读数达到 5 mm 左右，用螺丝刀分别调整力与位移的调零电位器，使屏幕显示的力与位移值为零（或最小）。

（5）开始实验。为消除零点偏离对实验结果的影响，单击"零点读数"，系数自动记录实时的零点数值并在以后的读数中予以扣除。

再单击"开始实验"，设备进入实验状态，缓慢地连续地转动加力旋钮加力，反复观察试件变形现象及弹性曲线特征，体味加力时的手感，注意有无手感突然松弛，试件突然变弯，压力突然下降现象。若有，则此时试件是从直线状态平衡瞬即跳至微弯状态平衡，计算机即可以采集并绘出一条相应的曲线，同时显示所采集到的最大载荷 F_{max} 和压杆的极限载荷值 F_{jx}。实验中计算机根据所采集的数据，绘出的曲线可能如图 4.8 中②、③两种形态。

以上的实验过程应重复若干次,方可鉴别。每次加载结束时,须按"停止实验"键,实验完毕,保存结果。

(6)做完一种模式的压杆稳定实验,可以针对不同支撑条件压杆进行稳定性实验,重复以上的操作步骤。由图 4.9 可知,上、中、下三类支座的组合方式甚多(数十种),可以供选择的实验项目很多,实际操作时,可任意选择三种模式实验。

六、实验结果整理

(1)将试样尺寸及参数填入表 4.1。

表 4.1 试样尺寸及参数

名称	截面 1	截面 2	截面 3	平均值
厚度 h				
宽度 b				
长度 L				
最小惯性矩				
弹性模量				

(2)将实验结果整理填入表 4.2。

表 4.2 测量实验结果

支撑方式	杆件长度 L/mm	柔度 $\lambda = \mu l / i$	理论临界力 F_{cr}/N	极限载荷 F_{jx}/N	$\dfrac{F_{jx} - F_{cr}}{F_{cr}} \times 100\%$
两端铰支					
一端铰支一端固定					
两端铰支加中点铰支					
两端固定					

比较不同支撑条件下理论临界力 F_{cr} 与实验极限载荷 F_{jx} 的差异,说明产生的原因,并说明支撑条件对压杆临界承载力的影响。

(3)绘制 4 种刚性支撑条件下压杆失稳的屈曲模态。

七、思考题

(1)在整个加载过程中,压杆平衡状态的性质(状态的稳定性)有何变化?如何解释平衡状态"跳跃"的机理?为何在某些情况下却又没有这种现象?

(2)仔细对比每次出现的峰值 F_{max},可见该值是不稳定的,有时甚至差别很大,为什么?该值是否对应于理想压杆的 F_{cr}?

笔记栏

（3）从图 4.8 可见，实验中的压杆可能出现两个特征压力值 F_{max} 和 F_{jx}，为什么不应将 F_{max} 而将 F_{jx} 作为实验压杆的极限承载能力的衡量指标？为什么 F_{jx} 与相应的理想压杆临界力值 F_{cr} 相对应？

4.4　静载条件下四跨梯形桁架内力及应力测定实验

桁架是指由直杆组成，所有的结点均为铰结点的杆件结构。当荷载作用于结点上时，各杆内力主要为轴向拉力或压力，截面上的应力基本上均匀分布，可以充分发挥材料的作用。相对于承受轴力，桁架杆件承受弯矩的能力较弱，因此适用于应用于荷载类型为结点荷载（结点拉压力，下同）的结构。根据铰结点的定义，实际工程中理想的桁架是不存在的，但人们还是习惯把一些结点性质类似铰结点或力学特性与桁架相似的，载荷类型为结点载荷的结构称为桁架，如钢屋架、刚架桥梁、输电线路铁塔、塔式起重机机架等习惯上都被称为桁架。桁架模型与真实结构到底有多大差异？差在何处？对此做实际考查、实测、对比和分析，可以加深对结构进行常见的力学简化及其适用范围的理解。

一、实验目的

（1）掌握通过电测方法测量理想桁架结构应力及内力的方法。
（2）掌握理想桁架结构在结点荷载作用下的内力传递规律，认识零杆。
（3）掌握固定铰支座、滑动铰支座的实现方法。

二、实验设备

（1）结构力学组合实验装置，如图 4.10 所示。

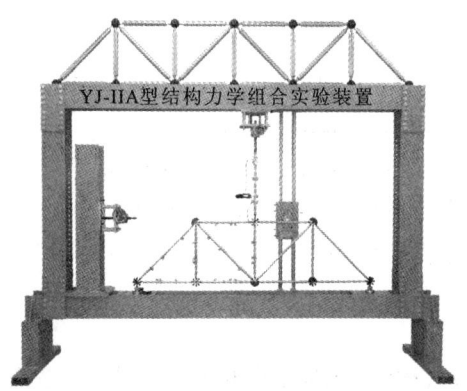

图 4.10　结构力学组合实验装置

（2）静态电阻应变仪。
（3）四跨梯形桁架，如图 4.11 所示。

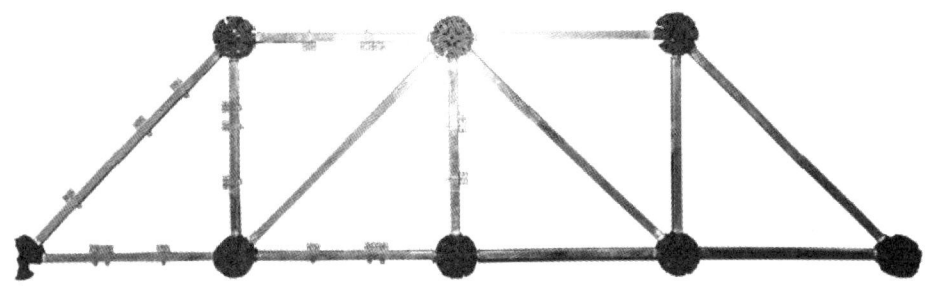

图 4.11　四跨梯形桁架

三、实验原理

桁架中所有的结点均为铰结点，理想铰结点只能传递轴力，而不能传递弯矩，由于理想铰结点是不存在的，所以理想的桁架模型也就是不存在的。但若根据桁架结构的荷载特点，在杆件受力产生微小转角时，若结点只传递很小的弯矩，那么此时结构的力学特性就接近理想桁架结构的力学特性。

梯形桁架是工程中常用的结构形式，简支的钢架桥、钢屋架多采用类似的结构形式，桁架一个支座为固定铰支座，一个为滑动铰支座，梯形桁架多采用跨距与层高相等的结构形式，典型四跨梯形桁架在中间结点施加竖向荷载时计算简图及内力图如图 4.12 和图 4.13 所示，桁架结构结点不传递弯矩，因此，在单纯施加结点拉压力荷载时，桁架结构的杆件不承受弯矩，则不必绘制弯矩图。

从图 4.13 内力图可以看出四跨梯形桁架结构按图 4.12 方式施加竖向荷载时，桁架结构的内力对称传递有明显的对称性，不同部位杆件内力种类、大小不同，且有明显差异，且对称轴上的竖腹杆为零杆。根据该结构的受力特点，实验时选择测量典型杆件的内力测试来验证上述内力传递规律。

四、实验步骤

（1）测量四跨梯形桁架的几何参数，包括截面尺寸、各杆长度等，同时记录荷载传感器的灵敏度系数及电阻应变片的粘贴位置、阻值、灵敏度系数等。

（2）实验装置安装，采用通用的结点盘及杆件搭建连接实验模型，并将实验模型安装于实验装置，将蜗轮蜗杆机构连接至加载结点。安装时注意保护应变片和导线。

（3）连接测试线路、设置测试参数及测试窗口，将加载机构和应变片连接至静态电阻应变仪，同时在测试软件中设置好荷载传感器的灵敏度系数及电阻应变片的阻值和灵敏度系数。

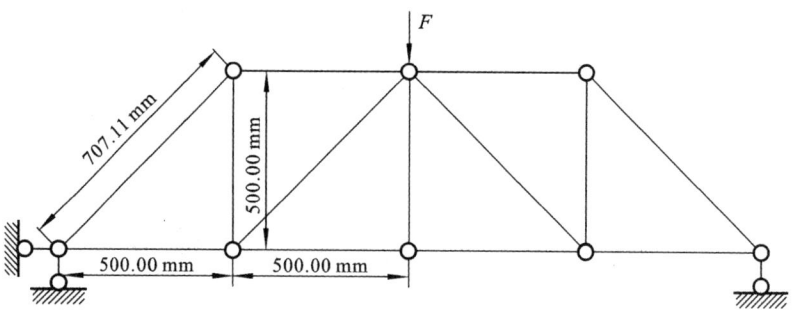

图 4.12 四跨梯形桁架计算简图

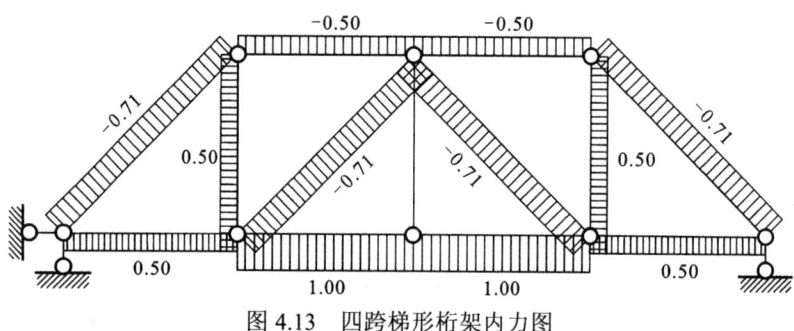

图 4.13 四跨梯形桁架内力图

（4）在进行正式实验之前，要进行预加载，确保实验设备和数据采集分析系统均能正常工作。一般取预估载荷的 10%作为预加载荷，观察、分析实验数据，检查实验装置、仪表是否工作正常，然后卸载。如出现问题，及时解决、排除。

（5）实验加载，根据预估实验最大荷载进行加载，在加载过程中，注意控制加载速度及最大荷载，保证杆件最大应变不超过 $800\,\mu\varepsilon$，分级加载得到三组可用数据后，可结束加载。

（6）数据分析，绘制荷载-应变曲线，数据曲线应该为线性的且有较好的重复性，测得数据与计算的数据相比较，分析实验误差的大小及来源。

（7）调整加载位置，再次进行测试。

五、思考题

（1）分析四跨梯形桁架的内力分布，分析零杆不受力原理。

（2）在两侧结点和中间结点分别施加集中荷载，实验结果有何差别？并分析原因。

（3）实验过程中零杆是否存在内力？分析实验与理论存在差异的原因。

（4）如果实验改为在杆件上加载，受载杆件和在结点加载情况下，杆件内力有何区别？

4.5 静载条件下焊接钢桁架内力测定实验

焊接钢架是工程中常用的结构形式，其杆件一般为角钢，因为在同等用钢量的情况下使用角钢有利于提高杆件的稳定性。焊接钢架在杆件交汇处设有连接板，杆件与连接板之间多采用满焊的方式，则焊接钢架的结点既可传递轴力也可传递弯矩，可简化成刚结点，因此，焊接钢架可谓典型的刚架。但实际工程中，焊接钢架杆件承受弯矩的能力往往远小于承受轴力的能力，多用于只承受结点荷载的场合，此时其内力与桁架内力相差很小，因此，习惯上把本是典型刚架的焊接钢架称为"钢桁架"。

由于钢桁架具有刚架的特点，根据钢桁架荷载的不同，在杆件上总会出现由弯矩引起的应力。相对于轴力引起的应力弯矩引起的应力通常比较小，所以称为次应力，往往被忽略。对特定的结构，往往存在施加一个方向载荷时，次应力现象不明显，而施加另外一个方向载荷时，次应力的情况可能就会比较突出的现象。结构局部甚至会出现很大的次应力，引起结构局部甚至整体的破坏。

一、实验目的

（1）测试焊接钢架在常规荷载作用下轴力及弯矩。
（2）熟悉工程结构测试中型钢杆件应变片的布置方式。
（3）掌握固定铰支座与滑动铰支座的实现方法及布置准则。

二、实验设备

（1）结构力学组合实验装置。
（2）静态电阻应变仪。
（3）焊接钢桁架，如图 4.14 所示。

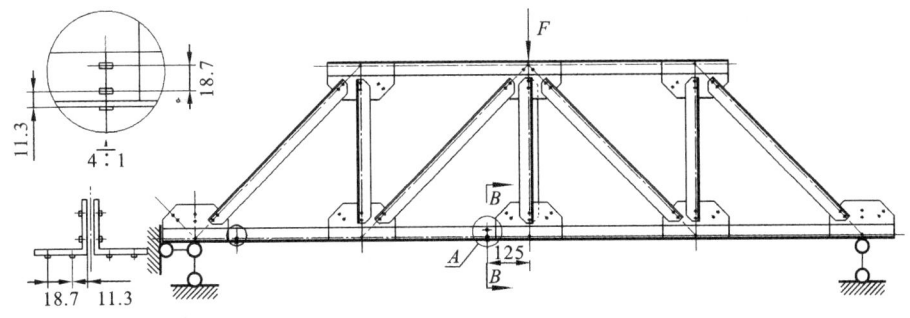

图 4.14 焊接钢桁架结构简图

三、实验原理

实际钢桁架的受力情况是比较复杂的，在理论计算中要抓住主要矛盾，对桁架作必要的简化。通常在钢桁架的内力计算中采用下列假定：①钢桁架的结点都是钢结点；②各杆的轴线都是直线并通过结点的中心；③载荷和支座反力都作用在结点上。根据钢结点的定义，实际工程中，理想钢桁架是不存在的，但一些结点性质类似钢结点或力学特性与钢桁架相似的，载荷类型为结点载荷的结构仍称为钢桁架，如钢屋架、刚架桥梁、输电线路铁塔、塔式起重机机架等习惯上都被称为钢桁架。

这里以焊接钢桁架为例比较一下实际的钢桁架和理想钢桁架的差别。首先结点的连接方式和理想铰结的假定是不一致的，焊接钢桁架的结点既可传递轴力也可传递弯矩，更接近于理想的刚接形式；其次上、下弦杆在结点处是连续不断的，而理想的钢桁架杆件在结点处是断开的。即便有如此差别，但科学实验和工程实践证明，结点刚性等因素的影响一般来说对钢桁架是次要的。一般规定，按照上述假定计算得到的钢桁架内力称为主内力，由于实际情况与上述假定不同而产生的附加内力称为次内力。下面来看将桁架的结点取为刚结点对钢桁架内力分布的影响。

对比图 4.15 和图 4.16 可以看出，由于将理想铰结点改为刚结点导致各杆件的轴力大小出现了不同程度的变化，原来的零杆也有了很小的轴力，但除了零杆之外其他各杆件轴力的变化幅度均很小。原来的零杆为什么不再是零杆了呢？这是刚结点使杆件中产生了剪力的缘故，如果取分离体来分析结点力的平衡，可以发现此时只有轴力分量的话，分离体是无法保持平衡的，需要通过剪力来平衡。但剪力分量相对较小，且在计算杆件的应力时贡献很小，这里我们就不再考虑剪力对应力的影响，所以在此并没有给出结构的剪力图。

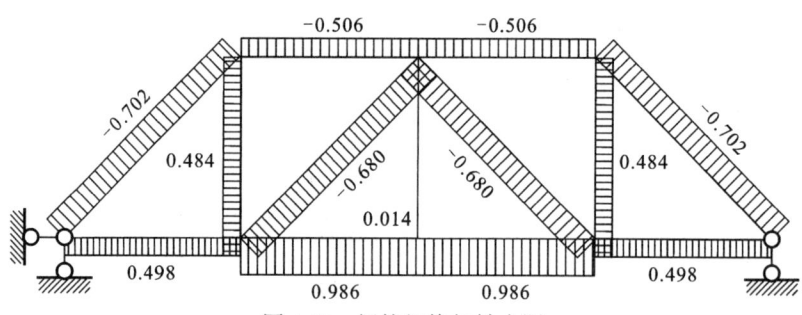

图 4.15 焊接钢桁架轴力图

图 4.16 给出了焊接钢桁架的弯矩图，从图中可以看出在钢桁架内存在一定大小的弯矩，这部分弯矩就是所谓的"次内力"，由"次内力"产生的应力称为"次应力"，"次应力"总的应力中占多大比重可以通过选择一个次内力最大的位置来分析一下。上弦杆的加载点附近次内力（弯矩）最大，而主内力（轴力）相对较小，这是一个次内力影响最为显著的位置，可以通过

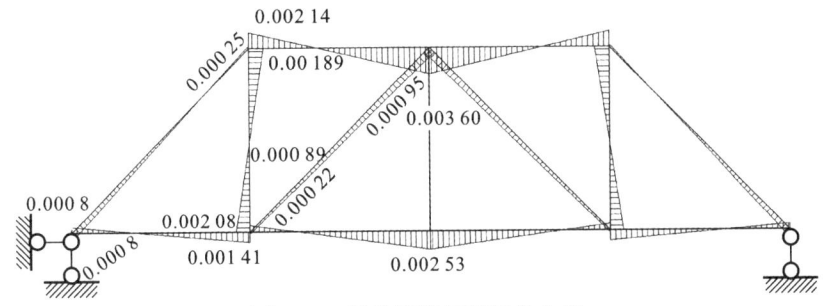

图 4.16 焊接钢桁架弯矩分布图

该位置为例进行分析。

实验时选择测量典型杆件的内力来验证钢桁架的内力分布规律,内力的测试通过杆件上粘贴的应变片测量,位移的测试通过位移计或百分表进行测量,需要注意的是由于角钢的非对称结构,在应变片的粘贴位置及计算方式较圆管或方管复杂一些,现以角钢为例说明应变片粘贴准则及内力分析的方法。焊接梯形桁架结构简图如图 4.14 所示,测试时在角钢的肢尖、肢背上各布置两片应变片,对于双角钢,可以根据其对称性确定其形心主轴,从而可以确定其平面弯曲的中性轴。我们知道弯矩在中性轴上产生的应力为零,这样在双角钢的中性轴上粘贴电阻应变片,便可以直接测得杆件的轴力。为了得到弯矩的大小并验证弯矩在截面上的分布规律,在双角钢截面的上、中、下三个位置粘贴三组电阻应变片。假定测得的上、中、下三个位置应变片距离中性轴的距离分别为 $y_上, y_中, y_下$,它们的实测应变为 $\varepsilon_上, \varepsilon_中, \varepsilon_下$,则该杆件的轴力为

$$N = EA\varepsilon_中 \tag{4.4}$$

截面弯矩的大小为

$$M = \frac{EI_y(\varepsilon_上 \pm \varepsilon_中)}{y_上} \quad 或 \quad \frac{EI_y(\varepsilon_下 \pm \varepsilon_中)}{y_下} \tag{4.5}$$

式中:当轴向应力和弯曲应力同为拉应力或压应力时,取加号;当轴向应力和弯曲应力一个为拉应力、一个压应力时,取减号。

四、实验步骤

(1)测量焊接钢桁架的几何参数,包括截面尺寸、各杆长度等,同时记录载荷传感器的灵敏度系数及电阻应变片的粘贴位置、阻值、灵敏度系数等。

(2)实验装置,将实验模型安装于实验装置,焊接钢桁架安装在正交铰支座上,加载油缸安装在上横梁上,将液压油缸连接至加载结点。安装时注意保护应变片和导线。

(3)连接测试线路、设置测试参数及测试窗口,将加载机构和应变片连接至静态电阻应变仪,同时在测试软件中设置好载荷传感器的灵敏度系数及电阻应变片的阻值和灵敏度系数。

（4）在进行正式实验之前，要进行预加载，确保实验设备和数据采集分析系统均能正常工作。一般取预估载荷的 10% 作为预加载荷，观察、分析实验数据，检查实验装置、仪表是否工作正常，然后卸载。如出现问题，及时解决、排除。

（5）实验加载，根据预估实验最大荷载进行加载，在加载过程中，注意控制加载速度及最大荷载，保证杆件最大应变不超过 $800~\mu\varepsilon$，分级加载得到三组合理数据后，可结束加载。

（6）数据分析，绘制各测点处荷载-应变曲线，观察数据的线性及重复性，数据应该为线性的且有较好的重复性，测得数据与计算的数据相比较，分析实验误差的大小及来源。

（7）调整加载位置，再次进行测试。

五、思考题

（1）独立设计实验方案，给出加载、贴片和组桥的方法。

（2）若在上弦或下弦杆中间施加不大于 50 kg 的杆件荷载，分析、测试此时钢桁架的内力分布规律，验证此时的钢桁架是否还可以当作桁架来计算？

（3）比较中间结点集中载荷与两侧结点集中荷载施加集中载荷时，实验结果存在何差异？

4.6 动载条件下桥梁结构模型应力测定实验

桥梁结构中的每个杆件所受到的力与载荷的大小及作用位置都有定量的关系，增加或拆除某个杆件，对桥梁结构中各杆件的受力均会产生一定影响。桥梁结构动载实验是在建造好的桥梁投入使用前，必须通过动载实验检测桥梁一些部位的位移、应力，确定是否达到了设计要求。

桥梁模型实验装置模型上方安装砝码导轨，砝码可悬挂于桁架任意位置或放在桥梁移动小车上，可进行静载及动载实验；通过移动小车模拟桥梁结构受到动载作用过程，通过动态应力检测技术，获得桥梁模型中受载最大的杆件及最大应力。该实验模型可进行桥梁模型在受到静载、移动载荷、振动载荷作用下的内力测试、模态测试及影响线实验及节点刚度变化、杆件刚度变化、杆件缺陷等变化对内力传递的影响实验。

一、实验目的

（1）测试桥梁结构模型在动载荷作用下的应力分布。

（2）测试桥梁结构模型在动载荷作用下的内力变化规律。

（3）掌握动态应力的测试和分析方法。

二、实验设备

（1）结构力学组合实验装置。
（2）动态电阻应变仪。
（3）桥梁结构模型，如图 4.17 所示。

图 4.17　桥梁结构模型实物图

三、实验原理

实际桥梁模型在受到动载荷的作用时，受力情况是非常复杂的，需要对模型进行简化，测试原理与焊接刚架类似，在实验测试中主要抓住几个要点：①注意动态加载过程中小车加载砝码质量与单根杆件的应力之间的关系；②同一加载质量小车在不同位置时，杆件应力的变化规律；③动态载荷加载过程中杆件的内力变化规律。图 4.18、图 4.19 给出了桥梁结构模型在小车移动至跨中位置时的轴力和弯矩分布图。

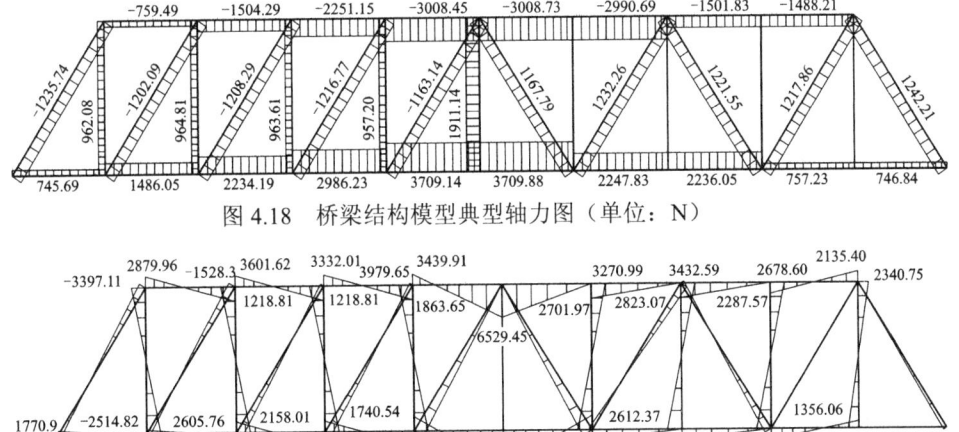

图 4.18　桥梁结构模型典型轴力图（单位：N）

图 4.19　桥梁结构模型典型弯矩图（单位：Nm）

四、实验步骤

（1）收集桥梁模型结构的参数，包括杆件截面尺寸、长度、材料参数等，

同时记录载荷传感器的灵敏度系数及电阻应变片的粘贴位置、阻值、灵敏度系数等。

（2）实验装置，在实验装置上安装好桥梁模型，为小车添加砝码，记录砝码重量。安装时注意保护应变片和导线。

（3）连接测试线路、设置测试参数及测试窗口，将应变片连接至动态电阻应变仪，在测试软件中设置好载荷传感器的灵敏度系数及电阻应变片的阻值和灵敏度系数。

（4）调节加载参数，根据实验条件在控制系统中设置小车的目标位置、次数和速度等控制参数。

（5）实验加载，小车在结构上按照设置的条件在桥梁模型结构上运动，记录测点随时间变化的应力值，重复实验得到三组合理数据后，可结束加载。

（6）数据分析，绘制各测点处荷载-应变曲线，数据曲线应该为线性的且有较好的重复性，测得数据与计算的数据相比较，分析实验误差的大小及来源。

（7）调整砝码重量及小车，再次进行测试。

五、思考题

（1）独立设计实验方案，给出测量结构中某根杆件弯矩的方法。

（2）在使用小车进行动态加载时，小车砝码质量变化是否与单根杆件的应力呈线性关系？该关系还受到哪些因素的影响？

（3）比较使用小车进行动态加载和静态情况时，结构杆件的应力是否相同？如果不同，请说明原因。

习 题 4

一、综合设计题：测定工字梁主应力

在假定实验加载设备已知的情况下，试设计题图 4.1 所示测定工字梁主应力的实验。

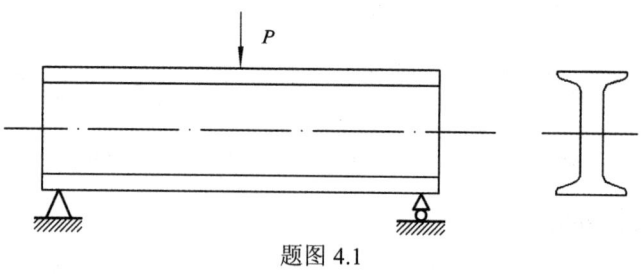

题图 4.1

二、综合设计题：框架应力分析

框架是工程中常见的结构形式。对于这些典型的复杂结构，欲想测定其内力，首先要分析结构内存在哪些内力，这些内力如何分布的。在理论分析的基础上，确定电阻片的布置方案，通过实验并对实验数据进行处理，就可以得到结构内力的大小和分布。

本实验采用的框架模型，如题图 4.2 所示。外力是静定的，可根据平衡条件求解；而内力是超静定的，需按超静定结构求解的方法进行求解。一般框架在空间载荷的作用下，任一截面存在六个不同性质的内力分量。本实验用的框架结构是对称的，载荷是反对称的，因此内力可以得到简化。在这种条件下，需要内力还存在哪几个分量，他们沿杆轴线方向如何分布？这些问题需要在实验前进行定性分析，用于指导电阻片粘贴方案的制定和实验顺利进行。

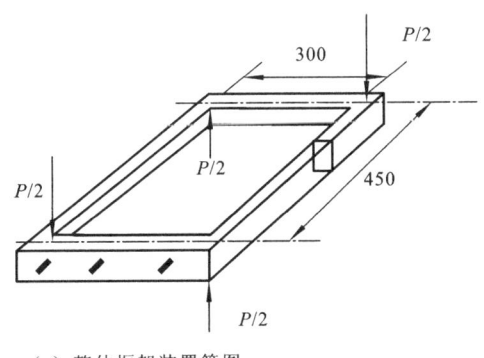 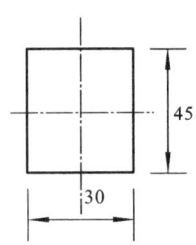

（a）整体框架装置简图　　　　　　　　（b）框架截面尺寸

题图 4.2　框架装置简图

第 5 章　力学新技术实验

> 新技术的不断发展促进了力学实验手段的更新。本章介绍的实验内容主要涉及残余应力测试技术、超声损伤探测技术、声发射裂纹探测技术及动态光学变形、应变测试技术等，开阔学生的视野与思维能力、发展学生的研究能力。

5.1　盲孔法测量残余应力

残余应力几乎存在于所有材料中、在构件的制造过程或服役期间都有可能产生残余应力。尤其对那些在交变载荷或腐蚀环境中服役的工件而言，如果在设计过程中没有考虑残余应力，将是导致材料失效的重要因素之一。残余应力的测量方法可以分为有损和无损两大类。有损测试方法就是应力释放法，也可以称为机械的方法，无损方法是物理的方法。机械方法用得最多的是盲孔法（钻孔法）。盲孔法对被测构件所造成的破坏仅局限于一个较小的区域，对于较厚的材料，通常不会对其正常使用造成严重影响，所以称其为"半无损"测试。

一、实验目的

（1）测量构件的残余应力。
（2）掌握盲孔法测量残余应力的原理与方法。

二、实验设备和试样

（1）待测量构件。
（2）打孔装置（含对中装置），如图 5.1 所示。
（3）应变花，如图 5.2 所示。
（4）应变测量设备。

三、实验原理

盲孔法通常采集钻孔后的释放应变并利用基于线弹性理论的数学关系式可计算出原先在孔洞位置上的残余应力，释放应变的大小取决于孔内材料原始的残余应力。

图 5.1 打孔装置示意图

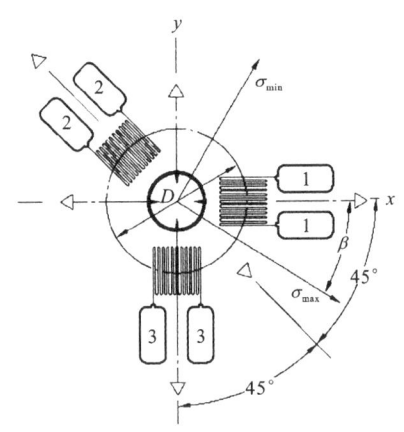
图 5.2 应变花示意图

当被测构件的残余应力为均匀应力时,钻孔后测得的表面释放应变按下式计算:

$$\varepsilon = \frac{1+v}{E}\bar{a}\left(\frac{\sigma_x+\sigma_y}{2}\right) + \frac{1}{E}\bar{b}\left(\frac{\sigma_x-\sigma_y}{2}\right)\cos 2\theta + \frac{1}{E}\bar{b}\tau_{xy}\sin 2\theta \quad (5.1)$$

标定常数 $\bar{a}$ 和 $\bar{b}$ 表示在孔深范围内由单位应力所带来的释放应变,它们是无量纲的,其大小与材料无关,对于在较薄工件上以及较厚工件上的盲孔这两种不同情况,具体数值会略有差异。标准型应变花的具体标定常数可在《金属材料 残余应力测定 钻孔应变法》(GB/T 31310—2014)中查找。

对于如非均匀应力情况,在完成第 j 步钻孔后所测得的表面释放应变实际上与之前 $1 \leqslant k \leqslant j$ 所有孔深状况下材料内(未得到完全释放)的残余应力相关,可按下式计算:

$$\varepsilon = \frac{1+v}{E}\sum_{k=1}^{j}\bar{a}_{jk}\left(\frac{\sigma_x+\sigma_y}{2}\right)_k + \frac{1}{E}\sum_{k=1}^{j}\bar{b}_{jk}\left(\frac{\sigma_x-\sigma_y}{2}\right)_k\cos 2\theta + \frac{1}{E}\sum_{k=1}^{j}\bar{b}_{jk}\tau_{xy}\sin 2\theta \quad (5.2)$$

标定常数矩阵 $\bar{a}_{jk}$ 和 $\bar{b}_{jk}$ 表示当钻进到第 j 步孔深时,由于受到第 k 步孔深处的单位应力影响所引起的释放应变。例如采用 4 步钻孔法时,当钻到第 3 步孔深时会受到第 2 步孔深处的单位应力的影响,而标定常数矩阵所表征的就是这种过渡状态。标准型应变花的具体标定常数可在《金属材料 残余应力测定 钻孔应变法》(GB/T 31310—2014)中查找。

测量在一系列孔深阶段上的释放应变以提供足够的信息来计算每个阶段中的应力 σ_x、σ_y 和 τ_{xy}。再根据这些应力来计算主应力 σ_{max} 和 σ_{min} 及方位角 β。

(1)薄构件。

当残余应力为均匀应力时,在获得释放应变后,根据测得的释放应变 ε_1、ε_2 和 ε_3,可按照如下方法计算下面的组合应变:

$$p = \frac{\varepsilon_1 + \varepsilon_3}{2} \tag{5.3}$$

$$q = \frac{\varepsilon_3 - \varepsilon_1}{2} \tag{5.4}$$

$$t = \frac{\varepsilon_3 + \varepsilon_1 - 2\varepsilon_2}{2} \tag{5.5}$$

将组合应变 p、q 和 t 代入下式分别计算三个组合应力

$$P = \frac{\sigma_x + \sigma_y}{2} = -\frac{Ep}{\bar{a}(1+\nu)} \tag{5.6}$$

$$Q = \frac{\sigma_y - \sigma_x}{2} = -\frac{Eq}{\bar{b}} \tag{5.7}$$

$$T = \tau_{xy} = -\frac{Et}{\bar{b}} \tag{5.8}$$

再依据下面的关系计算平面坐标系下应力值:

$$\sigma_x = P - Q \tag{5.9}$$

$$\sigma_y = P + Q \tag{5.10}$$

$$\tau_{xy} = T \tag{5.11}$$

也可计算释放出的主应力:

$$\sigma_{\max}, \sigma_{\min} = P \pm \sqrt{Q^2 + T^2} \tag{5.12}$$

最大拉伸(或最小压缩)主应力位于从 1#敏感栅方向起顺时针转过方位角 β 方向; 与此类似, 最小拉伸(或最大压缩)主应力从 3#敏感栅方向起顺时针转过方位角 β 方向。方位角 β 可通过下式计算

$$\beta = \frac{1}{2}\arctan\left(\frac{T}{Q}\right) \tag{5.13}$$

如果计算所得的主应力超过了材料屈服强度的 60%, 即表明材料发生了局部屈服。这种情况下无法给出定量的结果, 只能给出"定性"的报告。总体上, 当计算得到的主应力值超过材料屈服强度的 60%时, 即提示该应力值有所高估, 实际值应比计算结果偏小一些。

(2) 厚构件。

需绘制 ε_1、ε_2 和 ε_3 与孔深间的关系曲线, 确认数据点的变化趋势较为平滑。对存在较大偏差和明显偏离主曲线的数据点应进行筛查, 必要时重新钻孔。

根据不同深度下测得的应变 ε_1、ε_2 和 ε_3 计算出组合应变 p、q 和 t, 为验证残余应力沿孔深方向上是否大小一致, 首先需从各个孔深中挑选出 q 或 t 绝对值较大的那一组数据, 将该处测得的组合应变 p 以及较大的 q 和 t 分别除以最大孔深所对应的组合应变(用百分比表示)。绘制这些百分比与对应孔深间的关系曲线。所得到的图形应与图 5.3 中的曲线很相近。如果所得数据

点明显偏离（超过 3%），则表明应力分布沿厚度方向是不均匀的，或者是应变测量存在较大误差。无论是哪种情况，这些数据都无法用于均匀应力场的计算，而采用非均匀应力测量方式会更合适一些。

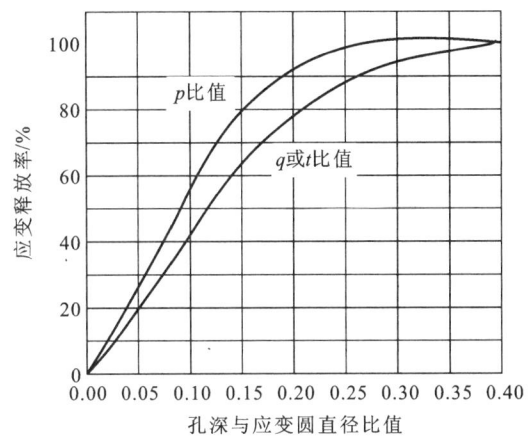

图 5.3 组合应变与对应孔深间的关系

在 8 个不同孔深处测得应变值 ε_1、ε_2 和 ε_3，选择不同孔深、孔径及应变花所对应的标定常数 $\bar{a}$ 和 $\bar{b}$。由相应的组合应变 p、q 和 t 代入下式分别计算三个组合应力 P、Q 和 T。其中，$\sum$ 表示指定变量在 8 个孔深处的总和。

$$P = -\frac{E}{(1+\nu)} \frac{\sum(\bar{a}p)}{\sum(\bar{a}^2)} \quad Q = -E\frac{\sum(\bar{b}q)}{\sum(\bar{b}^2)} \quad T = -E\frac{\sum(\bar{b}t)}{\sum(\bar{b}^2)}$$

计算主应力、最大应力及方位角方法与薄构件相同。

四、实验步骤

（1）粘贴应变计前，构件表面应符合（粘贴应变计）胶黏剂说明书的要求，干净无油脂，尽量采用那些对表面残余应力影响较小的抛光方式。

（2）选用合适的工装，以确保钻孔与应变花上圆心的偏离在 $\pm 0.004D$ 以内，每次钻孔的深度偏差应控制在 $\pm 0.004D$ 以内。

（3）对于薄构件，钻孔前应读取每个应变计的初始应变值，然后开始打孔；对于厚构件，钻孔前还需刮透应变花基底并稍稍刮擦工件表面，将该点设定为"零"孔深，然后开始打孔。

（4）启动刀具，钻孔时应沿轴向缓慢进刀直，根据构件厚度确定每次进刀深度。测量孔径，确认其是否在规定的数值范围内。对于厚构件重复上述进刀步骤，需将整个孔深分解为 8 个相等的步进深度，记录每次步进钻孔后的应变读数。

（5）根据测量结构计算残余应力。

五、思考题

(1) 选用不同角度应变计会对实验过程造成何影响?

(2) 钻孔速率是否会对实验结果造成影响?如有,请思考选用何种钻孔速度更有利于实验测量。

5.2 超声损伤探测实验

超声波探伤检测技术是无损检测技术中的一种,在工程中的应用非常广泛。该技术是利用声波在介质中的传播特性,在不损害或不影响被测物体性能的前提下,检测被检对象中是否存在缺陷或不均匀性,给出缺陷的大小、位置、性质和数量等信息,进而判定被测物体的状态的技术。

一、实验目的

(1) 了解超声波探伤检测技术的原理。
(2) 熟悉超声波探伤检测的方法。

二、实验设备和试样

(1) 待测试件。
(2) 对比样件。
(3) 超声波探伤仪,如图 5.4 所示。

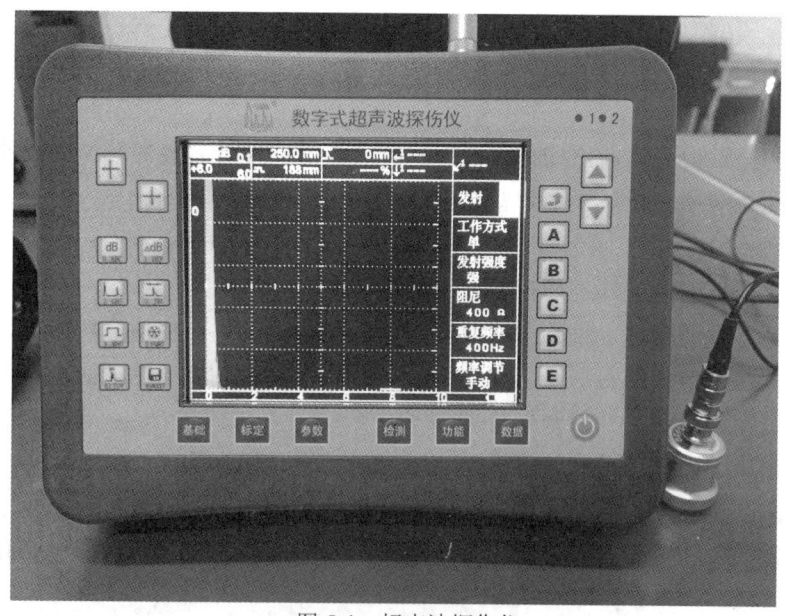

图 5.4 超声波探伤仪

三、实验原理

按超声波探伤的工作原理可分为：脉冲反射法、穿透法、共振法超声检测。

• **脉冲反射法**：根据缺陷的回波和底面的回波来进行判断，探头与被测构件紧密接触，通过示波器接收相关信号。

• **穿透法**：根据缺陷的影形来判断缺陷情况。在被测构件相对两侧各放一个探头，其中一个探头向工件内发射超声波，另一个探头接受超声波。优点是几乎不存在盲区，声程衰减少，缺点是由于声波衍射现象降低检测灵敏度，不能对缺陷定位。

• **共振法**：由被测构件所发出的超声驻波来判断缺陷情况。

（1）超声波在界面上的反射、折射和穿透现象。

当超声波传到缺陷，被检测物底面或异种金属结合面处的不连续部分时，会发生反射、透射和折射现象。当超声波从一种介质垂直入射到第二种介质上时，则入射波能量的一部分透过界面在第二种介质中继续按原方向传播，这为透射波，另一部分能量被界面反射回来，仍在第一种介质中传播，这为反射波。反射波的波强与入射波的波强之比称为反射系数，用 K 表示。材料性质差异越大，反射系数越大。反射现象对发射超声波不利，对脉冲反射法接收超声波有利。而反射系数 K 的大小，取决于相邻介质的声阻抗之差。

而当超声波由一种介质斜射到另一种介质时，在界面上会发生折射、反射和波形变换现象。如图 5.5 所示是纵波 L 从有机玻璃倾斜入射到钢中，产生反射的纵波 L_1 和折射的纵波 L_2，同时发生波形变换现象而产生反射的横波 S_1 和折射的横波 S_2。满足反射定律和折射定律，即

$$\frac{\sin \alpha}{c_{L_1}} = \frac{\sin \alpha_L}{c_{L_1}} = \frac{\sin \beta_L}{c_{L_2}} = \frac{\sin \alpha_S}{c_{S_1}} = \frac{\sin \beta_S}{c_{S_2}}$$

式中：L 为入射纵波；α 为纵波入射角；L_1 为反射纵波；α_L 为纵波 L_1 反射角；S_1 为反射横波；α_S 为横波 S_1 反射角；L_2 为折射纵波；β_L 为纵波 L_2 折射角；S_2 为折射横波；β_S 为横波 S_2 折射角；c_{L_1} 为纵波在第一介质中的传播速度；c_{S_1} 为横波在第二介质中的传播速度；c_{L_2} 为纵波在第二介质中的传播速度；c_{S_2} 为横波在第一介质中的传播速度。

当界面尺寸（或缺陷尺寸）$d_f < \lambda / 2$ 时（λ 为声波波长），声波能绕过缺陷界面而继续向前传播的现象，叫作绕射，如图 5.6 所示。因此，要想提高探伤灵敏度，必须提高频率 f，以便发现更小的缺陷。

（2）超声波的衰减和原因。

超声波在介质中传播时，随着传播距离的增加，其能量会逐渐减弱，声波衰减的主要原因有：声波传播过程中扩散、散射、介质吸收引起的衰减。散射是指超声波在不均匀和各向异性的金属晶粒的界面上，产生不规则的反

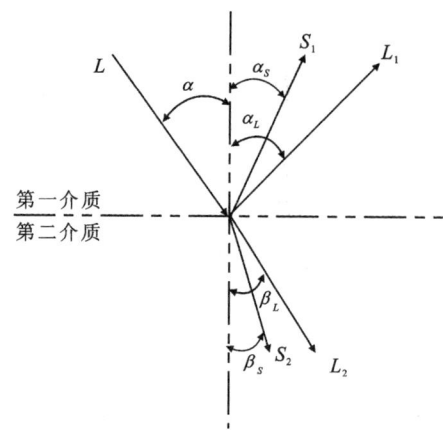

图 5.5 超声纵波在界面处的传播图

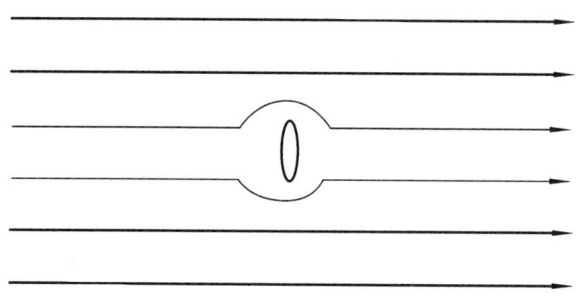

图 5.6 超声波的绕射现象

射和折射，使超声波信号信噪比下降；吸收是指由于金属晶粒在声源激发振动时晶粒间互相摩擦，使部分的超声波能量转变为热能；扩散是指超声波传播张角随传播距离不断扩展加大，使单位面积的能量减弱的现象。

当声强为 I_0 的声源穿过厚度为 S 的物体后（或传播距离为 S），其声强变为两者的关系为

$$I = I_0 e^{-\beta S}$$

式中：I_0 为声波入射时声源的强度；β 为衰减系数；S 为超声波传播距离。

利用声衰减可以判断材料和工件是否有异常组织，组织有无变化，晶粒大小，热处理和应变情况，内应力的大小和位错密度等。

（3）超声探测常用方法。

超声波探伤常用脉冲反射法，它是指在垂直探伤时用纵波，在斜射探伤时用横波，把超声波入射到被检物的一面，然后接受从缺陷处反射回来的回波，根据回波来判断缺陷的情况。如图 5.7 所示，把高频电压加到超声波探头上，探头产生的超声波入射到被检工件，碰到缺陷后把超声波反射回探头转换成电信号，经放大处理后把信息显示在示波器中，进而判断工件中是否存在缺陷。

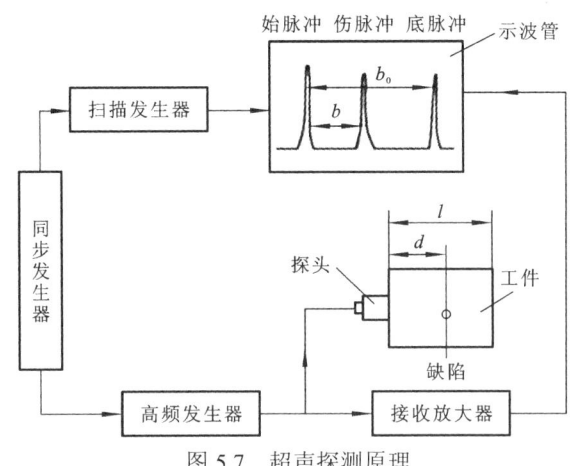

图 5.7 超声探测原理

- **垂直探伤法**：采用单一探头，既作发射器件，又作接收元件，以脉冲方式间歇地向工件发射超声波；接收到的回波信号经功能电路放大、检波后，在探伤仪的示波屏上，以脉冲信号显示出来。

把脉冲振荡器发生的电压加到晶片上，晶片振动，发生超声波脉冲，超声波脉冲的一部分从缺陷反射回到晶片。而木碰到缺陷的超声波脉冲就在被检物底面反射回来。因此缺陷处反射的超声波先回到晶片，底面反射回来的超声波后回到晶片，回到晶片上的超声波又反过来被转换成高频电压，通过接收器进入示波器。当在示波器横坐标上以脉冲振荡器的起振荡时间为基点，把辉点向右移动时，根据波形图就可以看出被测构件有没有缺陷、缺陷的部位及其大小。当构件无缺陷时，示波屏上只有始波和底波，而且底波较高；当构件有小缺陷时，示波屏上不仅有始波和底波，其间还有伤波，相对无缺陷的情况，底波变矮；当构件存在大缺陷时，示波屏上只有始波和伤波，没有底波，相对构件有小缺陷而言，伤波变高。

- **斜射探伤法**：超声波在被检物中是斜向传播，一般在示波器上不会显示出底面回波。同样根据探伤仪示波屏上，始波、伤波、底波的有无、大小及其在时基轴上的位置可判断工件内部缺陷的有无、大小和位置。当无缺陷时示波屏上只有始波，没有底波；有缺陷时示波屏上只有始波和伤波，无底波；特殊情况示波屏上只有始波和底波，这是超声波恰好传射到工件的端角部位产生的反射造成的，这也是利用斜射探伤确定缺陷位置时得到的假想底面回波信号。

（4）缺陷评定技术。

在探测结束后需要对缺陷的位置、大小和性质进行评定。

缺陷位置一般指缺陷在空间 x, y, z 三个方向的位置，如图 5.8 所示缺陷在工件中的空间概念。缺陷在探测面上投影位置（$x\text{-}y$ 平面内）在使用直探头探伤，缺陷就在探头的下面，缺陷深度 S。用斜探头探伤时使用缺陷扫描面内位置为 $L = S \times \sin\gamma$。深度 $h = S \times \cos\gamma$，S 为测面的入射点至缺陷的波程，

笔记栏

γ 为折射角。通常波程 S 通过固定标尺法确定，即荧光屏窗口设置的刻度标尺。利用此标尺来反映始波与伤波，始波与底波之间的关系。

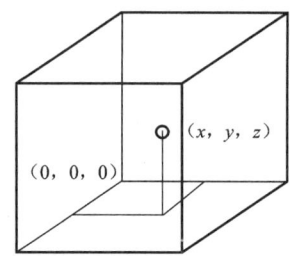

图 5.8　缺陷空间位置示意图

缺陷大小则可根据当量高度法、脉冲半高法、脉冲消失法或当量 AVG 曲线法。

缺陷形状则是依据不同材质的缺陷性质及其存在位置、形状、分布产生的缺陷波形来确定，不同的缺陷波形有各自的特征。如：气孔——荧光屏上单独出现一个光波；裂纹——荧光屏上出现锯齿较多的光波；夹渣——波形由一串高低不同的小波合并的，波根部较宽；未焊透——波形是锯齿较少的光波。

四、实验步骤

（1）对检测构件的了解与要求。包括材料、制作工艺及方法、材料表面状态、缺陷可能存在的种类和原因，并以此为基础确定检测部位个标准。通常要求被测构件入射面的表面粗糙度为 1.6～3.2 μm。

（2）入射方向和探测面的选择。入射方向的选择应使声束中心线与缺陷面特别是与最大受力方向垂直的缺陷面尽可能地接近垂直。

（3）探头选择。根据被测构件的形状、厚壁及欲发现缺陷的部位和方位，来确定探头的晶片厚度和探头形状。

（4）扫查。探头在探伤面上于被测构件的相对运动。保证试件的整个区域有足够的声束覆盖以免漏检；保证声束入射方向始终符合所规定的要求。一般是逐行扫查，不能来回扫查。

值得注意的是：①扫查速度取决于探头的有效尺寸和仪器的重复频率；②在扫查过程中应给探头适当且一致的压力；③探头的方向应严格按照扫查方式规定的执行。

（5）根据探测结果分析缺陷的位置、大小及类型。

五、思考题

（1）影响超声波探伤结果的因素有哪些？如何降低由探测设备被带来的不利影响？

（2）在超声探测中通常使用的比较试块能起到哪些作用？

5.3 光弹性演示实验

一、实验目的

（1）了解光弹仪部件的名称和及作用，了解光弹性方法的基本原理。
（2）观察几种典型光弹现象，了解典型结构模型受力后全场应力场分布情况。

二、实验设备和试样

（1）简易光弹仪。
（2）具有小圆孔的板状拉伸试样、纯弯曲梁试样、等厚圆盘对径受压试样。试样材料均为环氧树脂。

三、实验原理

光弹性测试方法是一种应用光学原理的应力测试方法。它是使用双折射透明材料模型模拟实际构件受力，在偏振光场中产生干涉条纹，通过条纹分析获得模型应力场。首先按实际构件，制成几何相似的模型。制作模型的材料种类很多，主要有环氧树脂和聚碳酸酯。把模型放在偏振光场中，模拟构件的受力状态和约束情况。对模型加载，模型将产生与应力有关的干涉条纹图。通过计算分析即可得知模型内部及表面各点的应力状态。再根据相似理论可换算求得构件中的真实应力场。光弹性测试方法是光学与力学紧密结合的一种测试技术。它的最大特点是直观性强，可靠性高，能有效、准确地确定构件的应力分布情况和应力集中部位。利用光测法不仅能得到二维应力，而且还可以得到三维的应力分布情况。它是一种迅速有效地取得全场应力信息的方法。

线弹性构件在平面应力情况下，应力分布通常与材料的力学常数 E，μ 无关。因此采用各向同性透明的塑料制作模型。这种材料在没有应力存在时，并不发生双折射，但当这些模型加上载荷，受有应力作用时，表现为光学各向异性，产生了双折射现象。通过实验证明，当一束偏振光垂直射入受有二向应力的模型时，它的光学性质发生了变化，由原来的单折射性，转变成两个主应力方向折射的暂时双折射性能。这样入射的光波，将沿模型入射点的两个主应力方向分解成两束相互垂直的偏振光，如图 5.9 所示。

分解后的偏振光，在模型内传播的速度不同，所以当它们离开模型时，产生了一个光程差 δ，这光程差与该单元体的主应力差 $\sigma_1 - \sigma_2$ 和模型的厚度 t 成正比，即

$$\delta = Ct(\sigma_1 - \sigma_2) \tag{5.14}$$

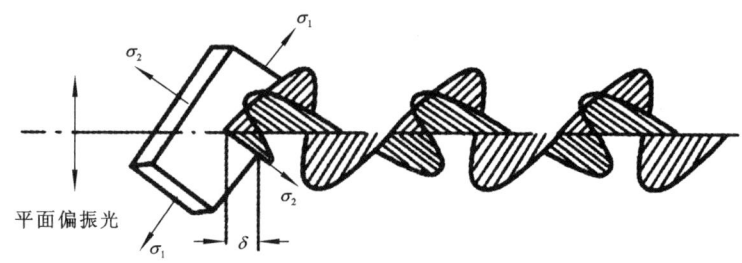

图 5.9　平面偏振光通过受力模型

式中：C 为应力光学系数。C 与模型的材料和所采用的光源波长有关。这就是平面应力-光学定律。由式（5.14）可见，当模型厚度 t 一定时，只要找出光程差（或相位差），就可以求出主应力差。我们可以在平面偏振光场中，利用光的干涉原理测得光程差（或相位差）。

光弹性法的实质，是利用光弹性仪测定光程差 δ 的大小，然后根据应力光学定律确定主应力差。光弹仪一般由光源（包括白色和单色光）、两个偏振片、两个 1/4 波片以及透镜组成，布置如图 5.10 所示。

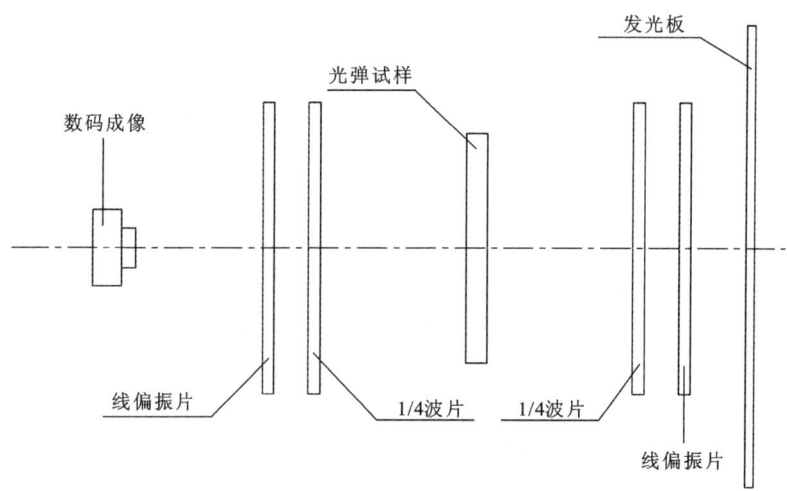

图 5.10　便携式数码光弹仪光路图

在光弹性测试中，最基本的光场是平面偏振光。把受有平面应力的模型放在两镜片之间，以单色光为光源，光线垂直通过模型。光的强度与光程差有关，还与主应力方向和起偏镜光轴之间的夹角有关。如果该点应力主轴方向与偏振轴方向重合，在检偏镜之后，光均将消失而呈现为黑点，这些点的迹线形成干涉条纹，称为等倾线。等倾线是具有相同主应力方向的点的轨迹，或者说等倾线上各点的主应力方向相同，且为偏振轴的方向。如果光程差等于单色光的整数倍，在检偏镜之后光也消失而成为黑点。在应力模型中，满足光程差等于同一整数倍波长的各点，将联成一条黑色干涉条纹，这些条纹称为等差线。

在平面偏振布置中，如采用单色光源，则受力模型中同时出现两种性质的黑线，即等倾线和等差线。这两种黑线同时产生，互相影响。为消除等倾线，得到清晰的等差线图案，以提高实验精度，在光弹性实验中经常采用双正交圆偏振布置，各镜轴及应力主轴的相对位置如图5.11所示。

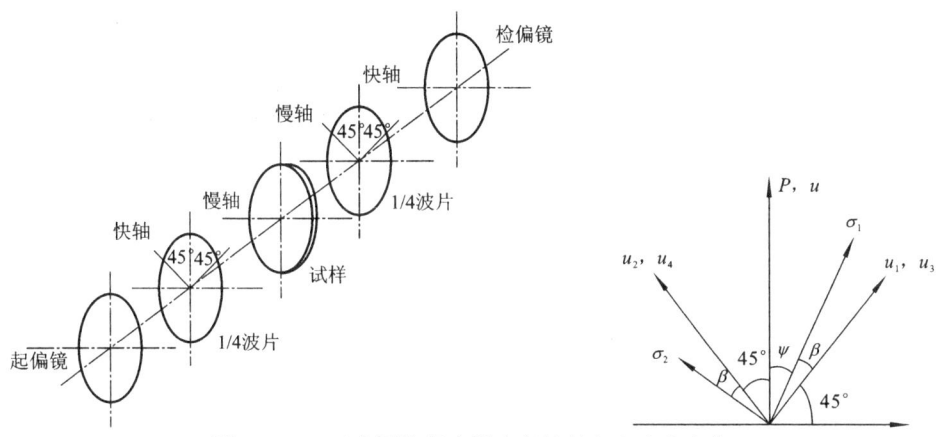

图5.11 双正交圆偏振布置中各镜轴与主应力方向

只要在模型中产生的光程差δ为单色光波长的整数倍时，消光成为黑点，这就是等差线的形成条件。可见，加入了两块1/4波片后，在圆偏振布置中，能消除等倾线而只呈现等差线图案。

在双正交圆偏振布置中，发生消光的条件为光程差δ是波长的整数倍，故产生的黑色等差线为整数级，即分别为0级、1级、2级……。而平行圆偏振布置发生消光的条件为光程差δ是半波长的奇数倍，故产生的黑色等差线为半数级，即分别为0.5级、1.5级、2.5级……。

四、实验步骤

（1）认识光弹性仪各个部件及其功能。
（2）调整检偏镜角度，从而观察光场明暗。
（3）将整个光场调整为平行光场。
（4）旋转偏振镜（或1/4波片）观察暗场和明场。
（5）安装试样、加载、观察等差线（等色线）。特别注意观察试样中应力分布的全貌，如应力集中区域。
（6）去掉1/4波片观察等倾线。
（7）对实验的等差线及等倾线进行拍照，注意在整个实验过程中光源的位置和照相机的位置不能变动，避免光强和图像的位置发生变化。

五、实验演示及结果分析

（1）圆盘对径受压实验。
如图5.12所示，由于是对称结构对称加载，该结构中的应力分布应该是对称的，所以条纹应该对称。在加载点，受载荷作用，局部的应力较大，条纹比较密集。

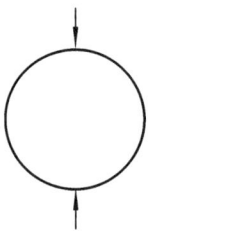 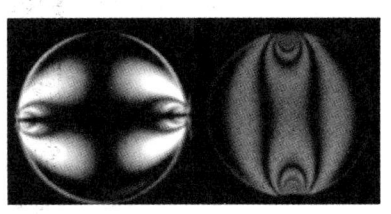

图 5.12　圆盘的对径受压实验

（2）梁的纯弯曲实验。

如图 5.13 所示。在梁的纯弯曲段的截面上高度相同的地方应力一样，因此，在这一段上条纹是直线。而在加载点上，应力分布比较复杂，局部应力比较大，条纹比较密集。而这个局部载荷对足够远的应力分布影响比较小。这就是圣维南原理的直观表现。

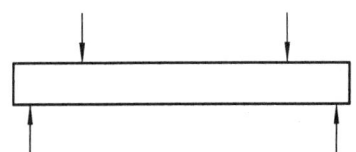 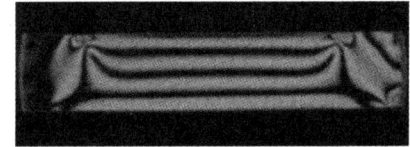

图 5.13　梁的纯弯曲实验

（3）裂纹尖端应力集中实验。

采用一根中间含有 I 型裂纹的梁，可以很直观地看到，在裂纹的尖端，条纹密集，远离裂纹的部位，条纹稀疏。

5.4　动态光学变形、应变测试实验

动态光学测试技术是一种非接触式光学三维测量系统，用于物体表面形貌、位移及应变的测量和分析，并得到三维应变场数据测量结果直观显示。系统采用两个高精度摄像机实时采集物体各个变形阶段的散斑图像，利用数字图像相关算法实现物体表面变形点的匹配，根据各点的视差数据，重建物体表面计算点的三维坐标；通过比较每一变形状态测量区内各点的三维坐标的变化得到物体表面的位移场，在散斑计算的同时对物面特殊点的位移变化和轨迹姿态进一步分析计算。

一、实验目的

（1）了解动态光学变形、应变测试技术的原理和流程。
（2）通过动态光学测试技术测量构件的变形与应变。

二、实验设备和试样

（1）待测试件。
（2）电子万能实验机。
（3）动态光学测量系统（含相机、光源、测试架），如图 5.14 所示。

图 5.14　动态光学测量系统

（4）动态光学测试软件。

三、实验原理

（1）数字图像相关法。

数字图像相关法是一种通过对物体表面变形前后的两幅图像进行相关计算来求取位移及应变的方法。该方法的基本原理如图 5.15 所示，在参考图像中，取以待匹配点 (x_0, y_0) 为中心的 $(2n+1) \times (2m+1)$ 大小的矩形图像子区，在待匹配图像中，通过一定的图像搜索方法，寻找与选定的图像子区相似程度最大的图像子区，并获得其中心 (x_1, y_1)。在图像搜索过程中，预定义的相关系数是衡量参考图像子区与目标图像子区之间相似程度的函数，数字图像相关法就是通过求取相关系数的极值来完成图像匹配，然后计算得到位移及应变场。本节使用一种最小平方和（sum of squared differences，SSD）相关系数来评估两个图像子区的相似度。

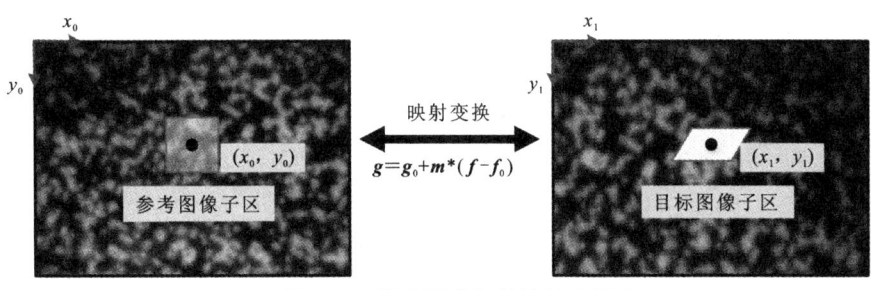

图 5.15　数字图像相关法基本原理

$$C_{\text{SSD}}(p) = \sum_{x=-n}^{x=n}\sum_{y=-m}^{y=m}[f(x,y)-r_0-r_1\cdot g(x',y')]^2$$

式中：$f(x,y)$ 是参考图像 F 中子区点 (x,y) 的灰度值；$g(x',y')$ 是目标图像 G 中子区点 (x',y') 的灰度值；r_0，r_1 表示两幅图像之间由于亮度的不同而导致的灰度差。

为获得更好的收敛性，使用一阶映射函数表达两个图像子区之间的匹配关系：

$$\begin{cases} x' = x + u + a_x(x-x_0) + b_x(y-y_0) \\ y' = y + v + a_y(x-x_0) + b_y(y-y_0) \end{cases}$$

因此，对于两个图像子区，其中心坐标满足：

$$\begin{cases} x'_0 = x_0 + u \\ y'_0 = y_0 + v \end{cases}$$

这时，上式的匹配关系可改写为

$$\begin{cases} \boldsymbol{g} = \boldsymbol{f}_0 + \boldsymbol{d} + \boldsymbol{m}\cdot(\boldsymbol{f}-\boldsymbol{f}_0) \\ \boldsymbol{g}_0 = \boldsymbol{f}_0 + \boldsymbol{d} \end{cases}$$

其中

$$\begin{cases} \boldsymbol{g} = [x',y']^{\text{T}} \quad \boldsymbol{g}_0 = [x'_0,y'_0]^{\text{T}} \\ \boldsymbol{f} = [x,y]^{\text{T}} \quad \boldsymbol{f}_0 = [x_0,y_0]^{\text{T}} \\ \boldsymbol{d} = [u,v]^{\text{T}} \\ \boldsymbol{m} = \begin{bmatrix} u_x & u_y \\ v_x & v_y \end{bmatrix} \\ u_x = a_x+1 \quad u_y = b_x \\ v_x = a_y \quad v_y = b_y+1 \end{cases}$$

式中：$\boldsymbol{d}$ 是平移部分；$\boldsymbol{m}$ 是变形部分。

获得最小的 C_{SSD} 是一个非线性优化问题，通过间接最小二乘法（indirect least suqare，ILS）解决该问题。式中添加一个偏差变量，使得对于图像子区中所有的像素点均可满足：

$$f(x,y) - e(x,y) = r_0 + r_1 g(x',y')$$

$g(x',y')$ 因为有映射函数 $[\boldsymbol{m},\boldsymbol{d}]$ 的存在，其本身不是线性的。因此，将 $g(x',y')$ 进行一阶泰勒展开，可得

$$\begin{aligned} & f(x,y) - e(x,y) \\ &= r_0 + r_1[g^0(x',y') + g_x\text{d}u + g_x\Delta x\text{d}u_x + g_x\Delta y\text{d}u_y + g_y\text{d}v + g_y\Delta x\text{d}v_x + g_y\Delta y\text{d}v_y] \end{aligned}$$

其中：$g_x = \dfrac{\partial g(x',y')}{\partial x'}$，$g_y = \dfrac{\partial g(x',y')}{\partial y'}$，其代表在目标图像 G 中，点 (x',y') 处的灰度梯度。$\Delta x = x - x_0$，$\Delta y = y - y_0$，其代表在参考图像 F 中，采样点 (x,y) 相对中心点 (x_0,y_0) 的偏移量。

由于在匹配的图像子区中，所有的像素点均满足该式，所以可以累积所有方程进行最小二乘解算，求解单次迭代的参数变化量。最小二乘平差方程如下：

$$l + v = A \cdot \Delta t$$

式中：l 是参考图像与目标图像之间的灰度差；v 是迭代均方根偏差（root mean square，RMS）偏差；A 是偏导数矩阵；Δt 是变形参数的变化量。

该公式可求解得

$$\Delta t = (A^{\mathrm{T}} P A)^{-1} (A^{\mathrm{T}} P l)$$

不断迭代此误差方程，使 Δt 达到收敛并更新实际的参数矩阵 d 和 m，最终获得最优的变形参数矩阵，对于一般散斑图案，迭代 3～8 次即可收敛。迭代关系为

$$\begin{cases} d^{n+1} = d^n + \Delta d \\ m^{n+1} = m^n + \Delta m \end{cases} \quad \begin{cases} \Delta d = [\Delta t_0 \quad \Delta t_3]^{\mathrm{T}} \\ \Delta m = \begin{bmatrix} \Delta t_1 & \Delta t_2 \\ \Delta t_4 & \Delta t_5 \end{bmatrix} \end{cases}$$

（2）位移和应变计算。

首先，简要总结平面形变理论，如图 5.16 所示，可以根据形变状态下的 $\mathrm{d}r_i^1$ 和未发生形变状态下的向量的位移来计算平面 (x, y) 上的局部网格点的应变张量。

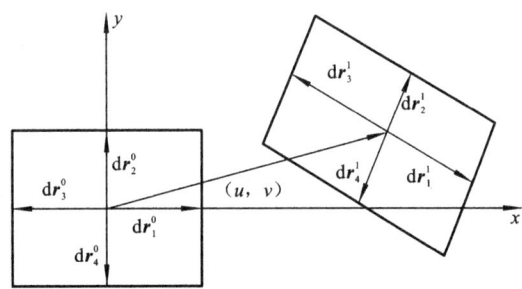

图 5.16　同一交叉栅格发生形变前后的网格

通常，该位移是由于刚体运动和物体的变形引起的。为了计算网格点的应变，形变后的单元中心将平移到相关联的未发生形变的中心。然后，四个 $\mathrm{d}r$ 向量的变换描述了旋转和所期望的塑性变形或应变。旋转将按照以下宏观形变理论分离应变。假设将图 5.16 中的向量 $(\mathrm{d}r_1^0, \mathrm{d}r_2^0)$ 变形为 $(\mathrm{d}r_1^1, \mathrm{d}r_2^1)$，然后根据线性关系计算形变梯度 F。位移 (u, v) 由平移矩阵 d 可得。F 由变形矩阵 m 可得，为 2×2 矩阵。

$$\mathrm{d}r_1^1 = F \mathrm{d}r_1^0 \quad \mathrm{d}r_2^1 = F \mathrm{d}r_2^0$$

其中 F 由左旋转张量 R 和右形变张量 U 组成：

$$F = RU$$

由柯西-格林张量 G 可推出
$$G = F^T F = U^T R^T R U = U^T U$$
可得出形变张量：
$$U = \sqrt{G} = c_0 I + c_1 G$$
式中
$$c_1 = \frac{1}{\sqrt{\text{tr}G + 2\sqrt{\det G}}}, \quad c_0 = c_1 \det G$$

其中：$\text{tr}G = g_{11} + g_{22}$ 是 G 的迹线，而 $\det G$ 是相关的行列式。形变张量 U 的元素
$$\begin{pmatrix} U_{11} & U_{12} \\ U_{21} & U_{22} \end{pmatrix} = \begin{pmatrix} 1+\varepsilon_x & \varepsilon_{xy} \\ \varepsilon_{xy} & 1+\varepsilon_y \end{pmatrix}$$

四、实验步骤

（1）打开相机并设定到目标帧率，使之被加热到稳定固定工作温度在稳定，或获得数字图像相关法（digital image correlation，DIC）测量图像之前，相机应处于稳定的工作温度。

（2）相机标定，将标识板上两对标识点的准确距离设为比例尺，用两个摄像机通过不同方位拍摄标识板获得图像数据，识别标识点的三维坐标，得到相机的内外参数。

（3）被测物准备，在测量物上通过喷涂、粘贴或涂刷散斑来布置随机图案，保证被测物必须能在相机图像里清晰且可辨认的图案。并在测试系统对图案进行评估，评估合格后可开始测试。

（4）合理布置被测物，使用十字光标确保被测金属测试件处于视场中心位置，且保证左右相机视场重合，通过激光测距仪保证测试距离为最佳工作距离。

（5）设置采集参数，创建散斑块和种子点，进行数据采集。

（6）导出软件采集的数据，对测试数据进行分析处理。

五、思考题

（1）应用动态光学测试技术测量时，是否能用测量的数据代替内部构件的应变数据？

（2）说说动态光学测试技术对比电测法测试应变有何优点和不足之处？

参 考 文 献

蔡传国, 陈平, 韦忠瑄, 等, 2012. 工程力学实验. 北京: 中国铁道出版社.
邓宗白, 陶阳, 金江, 2022. 材料力学实验与训练. 2版. 北京: 高等教育出版社.
范钦珊, 王杏根, 陈巨兵, 等, 2006. 工程力学实验. 北京: 高等教育出版社.
计欣华, 邓宗白, 鲁阳, 等, 2010. 工程实验力学. 2版. 北京: 机械工业出版社.
李惠彬, 2006. 振动理论与工程应用. 北京: 北京理工大学出版社.
刘维波, 张小鹏, 2011. 基础力学实验. 大连: 大连理工大学出版社.
王杏根, 高大兴, 徐育澄, 2002. 工程力学实验. 武汉: 华中科技大学出版社.
王正道, 丁克勤, 2010. 工程力学实验教程. 北京: 电子工业出版社.
赵志岗, 2004. 基础力学实验. 北京: 机械工业出版社.
庄表中, 2022. 理论力学创新应用演示与实验(多媒体光盘). 北京: 高等教育电子音像出版社.
邹广平, 2018. 材料力学实验基础. 2版. 哈尔滨: 哈尔滨工程大学出版社.

习 题 答 案

第 1 章

一、
1. √； 2. ×； 3. √； 4. √； 5. ×

二、1. A； 2. D； 3. B； 4. A； 5. B

三、
1.~6. 略

第 2 章

一、
1. √； 2. √； 3. ×； 4. √； 5. ×； 6. √； 7. ×； 8. √； 9. ×

二、
1. A； 2. C； 3. A； 4. B； 5. C； 6. C； 7. C； 8. A； 9. C； 10. D

三、

1. 低碳钢拉伸至强化阶段卸载时，会沿直线下降，且应力-应变关系保持与线弹性阶段平行。如果重新加载，则沿该应力-应变直线上升，称为冷作硬化。它提高了材料的比例极限，降低了塑性变形。

2. 低碳钢在压缩实验中，当应力小于材料的比例极限或屈服极限（下屈服强度）时，它所表现的性质与拉伸时相似，成线性关系。而且比例极限与弹性模量的数值与拉伸实验所得到的大致相同，屈服极限也相近。之后，材料发生显著的塑性变形，圆柱形试件的高度缩短，直径增大。然而，由于实验机压头与试样两端有摩擦力，致使试样两端的横向变形受到阻碍，而试样的侧面是自由表面，于是试样呈现腰鼓形。随着载荷逐渐增加，试件继续变形，最后压成饼状。由于塑性良好，材料在压缩时不会发生断裂。

3. 铸铁试样破坏时母线稍有倾斜，切应变倾角很小，破坏断面与轴线呈 45°角的螺旋面；碳钢试样破坏时母线形成了多重螺纹线，破坏断面为横截面。

圆轴扭转时，试样表面危险点为纯剪切应力状态，主应力在位于与母线呈 45°夹角的斜面上[图 1（a）]，切应力最大值位于横截面上，且主应力与切应力最大值数值相等，均等于横截面上的切应力。铸铁是脆性材料，抗拉能力最弱，次为抗剪，最强抗压，因此，当应力达到破坏极限时，首先是最大拉应力作用面断裂，而且裂纹迅速从表面贯穿至轴心，使轴突然沿 45°角的螺旋面断裂，此时母线的倾斜角度较小（即塑性变形量较小）。低碳钢在塑性屈服时，抗剪的能力弱于抗拉和抗压，因此首先在横截面上发生屈服，但由于屈服时应力不足以造成试样的断裂，所以，随着扭矩的增加，内部材料逐渐发生屈服直至轴心[图 1（b）]。当扭矩进一步增加时，试件继续变形，材料进一步强化，至强度极限时轴发生横截面的剪切断裂，此时轴的塑性变形已经持续了较长的时间，母线已经变成为多重螺纹线。

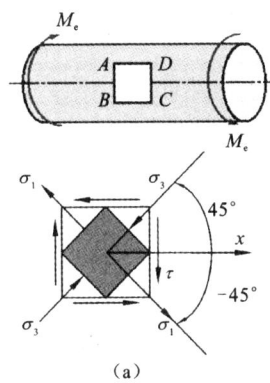
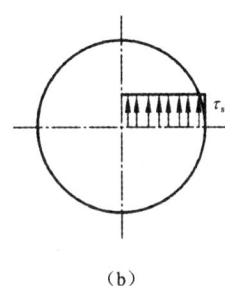

图 1

四、

1．（1）弹性模量 $E=\dfrac{FL_0}{S_0\Delta L}=200.3\,\text{GPa}$，下屈服强度 $R_{\text{eL}}=\dfrac{F_{\text{eL}}}{S_0}=290\,\text{MPa}$，

抗拉强度 $R_{\text{m}}=\dfrac{F_{\text{m}}}{S_0}=435\,\text{MPa}$，断后伸长率 $A=\dfrac{L_{\text{u}}-L_0}{L_0}\times 100\%=31\%$，

断面收缩率 $Z=\dfrac{S_0-S_{\text{u}}}{S_0}\times 100\%=58.5\%$，

该塑性材料屈服失效，是与轴线成 $45°$ 面上的最大切应力引起的。

（2）弹性应变 $\varepsilon_{\text{e}}=\dfrac{F}{ES_0}=0.002$，塑性应变 $\varepsilon_{\text{p}}=\varepsilon-\varepsilon_{\text{e}}=0.038$。

2．29.6%。$L_1=AB+BC+BC_1=73.5+22.8+33.3=129.6$，$L_0=100$，断后伸长率 $A=\dfrac{L_1-L_0}{L_0}=\dfrac{129.6-100}{100}\times 100\%=29.6\%$。

3．（1）该材料扭转失效方式是屈服，表面的网格是横截面和纵截面上的最大切应力产生，最后的断面是横截面。

（2）剪切模量 $G=\dfrac{\Delta T L_{\text{e}}}{I_{\text{p}}\Delta\phi}=81.0\,\text{GPa}$，下屈服强度 $\tau_{\text{eL}}=\dfrac{T_{\text{eL}}}{W_{\text{P}}}=219\,\text{MPa}$，抗扭强度 $\tau_{\text{m}}=\dfrac{T_{\text{m}}}{W_{\text{P}}}=500\,\text{MPa}$。

第 3 章

一、

1．B；2．C；3．D；4．A；5．C；6．C；7．A；8．C；9．D；10．B；11．B；12．C；13．B；14．B；15．D

二、

1．**解** （1）将 R_1、R_2 串联接入 AB 桥臂，R_3、R_4 串联接入 BC 桥臂组成半桥。

$$E=P(1+\mu)/(A\varepsilon_{ds})$$

（2）将 R_1、R_2、R_3、R_4 依次接入 AB、BC、CD、DA 桥臂组成全桥。

$$E = 2P(1+\mu)/(A\varepsilon_{ds})$$

2. 解 （1）桥路如图 2（a）所示。

$$\varepsilon_{ds} = \varepsilon_{R_1} - \varepsilon_{R_2} + \varepsilon_{R_4} - \varepsilon_{R_3} = \frac{1}{E}\left[\frac{F_1(x+a)}{W_z} - \frac{F_1 x}{W_z} - \frac{F_1 x}{W_z} + \frac{F_1(x+a)}{W_z}\right] = \frac{1}{E}\frac{2F_1 a}{W_z} \Rightarrow F_1 = \frac{EW_z}{2a}\varepsilon_{ds}$$

（2）取 R_1、R_3（或 R_2、R_4）与 R_5、R_6 按图 2（b）接桥

$$\varepsilon_{ds} = \varepsilon_{R_1} + \varepsilon_{R_3} = \frac{2}{E}\frac{F_2}{A} \Rightarrow F_2 = \frac{EA}{2}\varepsilon_{ds}$$

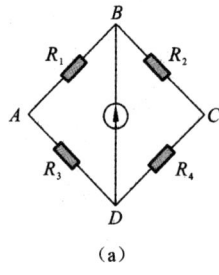
(a)

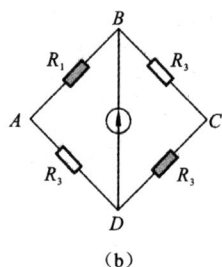
(b)

图 2

3. 解 （1）测弯曲应变。$\varepsilon_1 = -\varepsilon_N + \varepsilon_t + \varepsilon_M$，$\varepsilon_2 = -\varepsilon_N + \varepsilon_t + (-\varepsilon_M)$

采用半桥连接，$\varepsilon_{ds} = \varepsilon_1 - \varepsilon_2 = 2\varepsilon_M$，$\varepsilon_M = \frac{\varepsilon_{ds}}{2}$。

如图 3 所示，采用 R_1、R_2 串联，加温度补偿，$\varepsilon_{ds} = \varepsilon_1 + \varepsilon_2 - (\varepsilon_t + \varepsilon_t) = -2\varepsilon_N$

（2）$\varepsilon_N = -\frac{\varepsilon_{ds}}{2}$。

（3）算出 ε_M、ε_N 后，$\sigma_M = \frac{P_y \cdot L}{W_z} = \frac{6P_y \cdot L}{a^3} = E\varepsilon_M$。

$\sigma_N = \frac{P_x}{A} = \frac{P_x}{a^2} = \frac{P_x}{a^2} = E\varepsilon_N$。所以，$P_y = \frac{E\varepsilon_M a^3}{6L}$，$P_x = E\varepsilon_N a^2$，$\alpha = \arctan\frac{P_x}{P_y}$

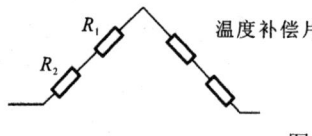   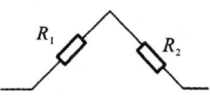

图 3

4. 解 在 A、B 截面粘贴两片应变片 R_1、R_2 如图 4（a）、（b），具体位置见图。A 截面 R_2 应变片感受到的应变有：P_x 轴力引起的应变 ε_x；P_x 引起的弯曲应变 ε_{Mx}；P_z 引起的弯曲应变 ε_{Mz2}。B 截面 R_1 应变片感受到的应变有：P_x 轴力引起的应变 ε_x；P_x 引起的弯曲应变 ε_{Mx}；P_z 引起的弯曲应变 ε_{Mz1}。其中 $\varepsilon_{Mz1} = \frac{M_{z1}}{WE} = \frac{P_z L_3}{WE}$，$\varepsilon_{Mz2} = \frac{M_{z2}}{WE} = \frac{P_z(L+L_3)}{WE}$。

将 R_1、R_2 组成图示半桥，则测量电桥读数应变

$$\varepsilon_{ds} = \varepsilon_1 - \varepsilon_2 = \varepsilon_x + \varepsilon_{Mx} - \varepsilon_{Mz1} - (\varepsilon_x + \varepsilon_{Mx} - \varepsilon_{Mz2}) = \varepsilon_{Mz2} - \varepsilon_{Mz1} = \frac{P_z L}{WE}$$

P_z 与测量电桥读数应变 ε_{ds} 之间的关系式为 $P_z = \frac{WE}{L}\varepsilon_{ds}$。

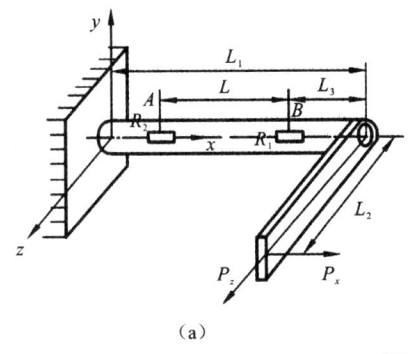
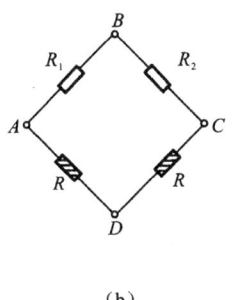

(a)   (b)

图 4

5. **解** 应力分量为 $\sigma_x = \dfrac{F}{A}, \tau_{xy} = -\dfrac{T}{W_p}, \sigma_y = 0$

应用广义胡克定律，得：$\varepsilon_x = \varepsilon_0 = \dfrac{1}{E}(\sigma_x - \mu\sigma_y) = \dfrac{\sigma_x}{E}$

所以有：$F = EA\varepsilon_0 = \left(200 \times 10^9 \times \dfrac{\pi}{4} \times 0.02^2 \times 32 \times 10^{-5}\right) \text{N} = 20.1 \text{ kN}$

$$\sigma_x = E\varepsilon_0 = 200 \times 10^9 \times 32 \times 10^{-5} \text{ Pa} = 64 \text{ MPa}$$

应用斜截面上的应力公式 $\sigma_\alpha = \dfrac{\sigma_x + \sigma_y}{2} + \dfrac{\sigma_x - \sigma_y}{2}\cos 2\alpha - \tau_{xy}\sin 2\alpha$

计算时的正应力：$\sigma_{45°} = \left(\dfrac{64}{2} + \dfrac{64}{2}\cos 90° - \tau_{xy}\sin 90°\right) \text{MPa}$

$$\sigma_{135°} = \left(\dfrac{64}{2} + \dfrac{64}{2}\cos 270° - \tau_{xy}\sin 270°\right) \text{MPa}$$

由以上二式得 $\sigma_{45°} = 32 - \tau_{xy}, \sigma_{135°} = 32 + \tau_{xy}$。

将已解得的 $\sigma_{45°}$ 和 $\sigma_{135°}$ 的表达式代入广义胡克定律

$$\varepsilon_{45°} = \dfrac{1}{E}(\sigma_{45°} - \mu\sigma_{135°}) = \dfrac{1}{E}[32 - \tau_{xy} - \mu(32 + \tau_{xy})]$$

并将 $E = 200 \text{ GPa}$、$\mu = 0.3$、$\varepsilon_{45°} = 56.5 \times 10^{-5}$ 代入上式，得 $\tau_{xy} = -69.7 \text{ MPa}$。

扭转力偶矩：$T = \lfloor\tau_{xy}\rfloor W_p = 69.7 \times 10^6 \times \dfrac{\pi}{16} \times 0.02^3 \text{ N·m} = 109.5 \text{ N·m}$

第 4 章

一、

1. 实验目的
用实验的方法测定平面应力状态下主应力的大小和方向。
2. 实验设备及工具
（1）实验加载设备；
（2）电阻应变仪；
（3）游标卡尺、钢板尺等。

3. 实验原理

应变花粘贴位置如图 6 所示。对于单个测点的贴片数和贴片方向，要由该点的应力状态确定。由广义胡克定律：

$$\sigma_x = \frac{E}{1-\mu^2}(\varepsilon_x + \mu\varepsilon_y), \quad \sigma_y = \frac{E}{1-\mu^2}(\varepsilon_y + \mu\varepsilon_x), \quad \tau_{xy} = G\gamma_{xy}$$

可知，如果主应力方向一致，则可令上式中 $\varepsilon_x = \varepsilon_1$，$\varepsilon_y = \varepsilon_2$，$\gamma_{xy} = 0$，得

$$\sigma_1 = \frac{E}{1-\mu^2}(\varepsilon_1 + \mu\varepsilon_2), \quad \sigma_2 = \frac{E}{1-\mu^2}(\varepsilon_2 + \mu\varepsilon_1)$$

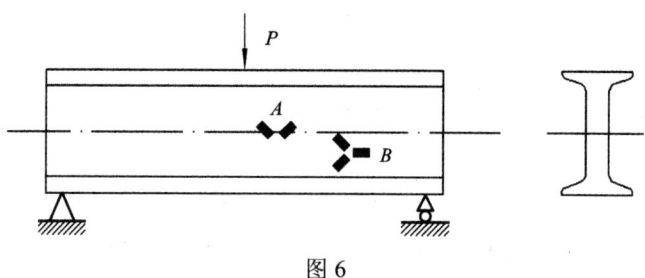

图 6

可见在两向应力状态下，当主应力方向已知，只需沿两个主方向粘贴两个应变片就可以满足要求，因此，在梁的中性层 A 点位置，按 ±45° 粘贴一个直角应变花。

如果主应力方向无法预先判定，则由

$$\left(\varepsilon_\alpha - \frac{\varepsilon_x + \varepsilon_y}{2}\right)^2 + \left(\frac{\gamma_\alpha}{2}\right)^2 = \left(\frac{\varepsilon_x - \varepsilon_y}{2}\right)^2 + \left(\frac{\gamma_{xy}}{2}\right)^2$$

或

$$\varepsilon_\alpha = \frac{\varepsilon_x + \varepsilon_y}{2} + \frac{\varepsilon_x - \varepsilon_y}{2}\cos 2\alpha - \frac{\gamma_{xy}}{2}\sin 2\alpha$$

可知，若在三个方向 $(\alpha_1, \alpha_2, \alpha_3)$ 测出三个应变值 $(\varepsilon_{\alpha_1}, \varepsilon_{\alpha_2}, \varepsilon_{\alpha_3})$，将测量结果代入上式任意一式，然后联立求解，得出 $\varepsilon_x, \varepsilon_y, \gamma_{xy}$ 之值。再按照

$$\begin{cases} \varepsilon_1 = \frac{\varepsilon_x + \varepsilon_y}{2} \pm \frac{1}{2}\sqrt{(\varepsilon_x - \varepsilon_y)^2 + (\gamma_{xy})^2} \\ \alpha_0 = \frac{1}{2}\arctan\left(\frac{\gamma_{xy}}{\varepsilon_x - \varepsilon_y}\right) \end{cases}$$

求出主应变 $\varepsilon_1, \varepsilon_2$ 之值及主应力方向与 x 的夹角 α_0，最后由

$$\sigma_1 = \frac{E}{1-\mu^2}(\varepsilon_1 + \mu\varepsilon_2), \quad \sigma_2 = \frac{E}{1-\mu^2}(\varepsilon_2 + \mu\varepsilon_1)$$

求出主应力值。

在梁中性层与边缘之间的位置 B 处，粘贴一个"Y"形应变花，即可满足实验要求。

4. 实验步骤

（1）测定工字梁尺寸，由型钢表查出有关几何参数；

（2）拟定实验加载方案，确定初载荷与终载荷；（注意在终载荷作用下，梁的危险截面上危险点的应力应小于所用梁材质的比例极限。）

(3) 按照"多次独立加载法"进行实验;
(4) 检查实验数据;
(5) 机器复位、整理实验场所。

二、

1. 实验目的

(1) 测量超静定框架的内力,分析框架结构内力分布的特点;
(2) 掌握组桥多点的测量技术,实测内力的方法,提高综合性实验的能力。

2. 实验装置与仪器设备

(1) 电子万能实验机;
(2) 电阻应变仪;
(3) 框架试样及球形支座;
(4) 加载附梁一根;

3. 实验原理

框架装置的应变片粘贴位置如图 7 所示。

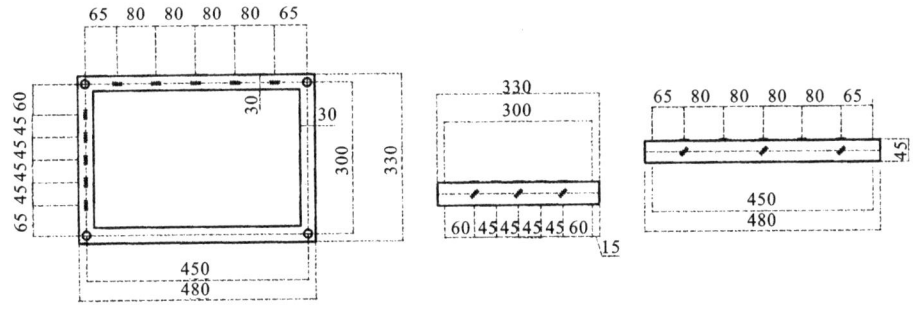

图 7　应变片粘贴位置示意图

(1) 弯矩计算(略)。
(2) 轴力计算(略)。
(3) 剪力计算(略)。

4. 实验步骤

(1) 测试试样的几何数据;
(2) 安装试件,接通电阻应变仪;
(3) 根据本框架实际的布片方案,分别测量弯矩、扭矩的分布,将数据填写在预先制定的表格中,计算出测量的应变对应的弯矩和扭矩值;
(4) 使用电子万能实验机进行加载,依次记录测试应变数据,并用百分表测量加力点的位移;
(5) 计算各点理论应力值,与实验结果进行对比分析。

5. 实验数据整理和结果计算

(1) 框架的布片图及测量截面的编号;
(2) 实验数据列表;

（3）根据测量数据，计算框架各截面的内力值，并绘制弯矩、扭矩沿杆轴线方向的分布图（注意：起点应延至框架的角点处）；

（4）几何角点的平衡、计算误差，分析误差产生的原因。